尋訪台北38+
巷弄美食，
重溫香港舊日人情味

台港式情書小吃。

MOOK

作者序

太多誤會，所以先此聲明，本書文章非食評，頂多是美食文字共享。

從來不知道愛分享，在二〇一六年決定暫停寫作後，如此個性才明顯浮現日常中，每每吃到真美味，巴不得呼朋喚友連抱帶拖的再吃一遍，生怕他們錯過了，又會先想好深入淺出形容語句作介紹，務求挑起吃的興趣，引導他們同吃同升天。遇到好吃的泡麵、醬油或零嘴，更會不惜工本入手一批送鄰居贈友人，附加吃法搭配和變化，實行美味同享眾樂樂。

方才發現皮囊下藏著一個分享魂，卻因此招來另一誤會。

「隨便介紹都出口成文，你天生就是要寫吃。」曾受惠的朋友說道。不是否定自然生成這回事，但肯定港仔身上沒有發生這種天注定。自己知自己事，雖然會煮愛吃，但平常對吃的要求首要快，以飽為重點，和一般營役港人無異。

轉變在開始寫書中期。當時墨刻出版前總編大人邀請撰寫一本以古早味為題的《香港老味道》，一店一篇，文字要準確傳達味道，亦要細膩描寫感情，唯恐力有不逮，不免躊躇，卻因為不想放棄把香港傳統好吃介紹到台灣的機會，決定接下來。

為此重新學習「如何吃」，既有同一餐廳同一食物不斷吃，誓要吃出別人說的口感味道來，又會把同款食物在不同餐廳處理下作比較，慢慢激活味蕾，開始解構分析。別人覺得這樣吃很累，但港仔從中找到樂趣覺得好玩，從此愛上了全新吃的方式，成為興趣，並在完成了《香港老味道》後，再寫下《台北人情味小吃》和《香港人情味小吃》兩本美食書。

招來了另一些聲音於三本書推出後。「我們吃得很隨便，怕你不喜歡」、「你的胃口都被培養成精，很難服侍」、「每次找你吃飯都心驚膽顫啊」，令人很無言。

猶幸這些誤解從來沒有在攤商老闆中出現，反而因常去常吃，從初時的簡單招呼到後來的閒聊交談，甚至傳授煮食技巧或指導如何欣賞如何吃，建立了情誼。當看著他們努力經營艱苦守業在這該死的疫情3年間，難免心有焉焉然，想要做點什麼，萌生了寫文鼓勵為他們加油打氣的念頭。

「你要再寫，一定撐你。」總編大人又說。

《台北小吃。港式情書》因此而生。

但誤會如浪焉會停，肯定有人會說：「只支持你寫的38家攤商小店，其他又如何？」

看倌閣下同學各位按文上門去吃去尋味在閱讀過後當然好，其實更想作領頭羊，推動大家一起去撐全台眾多美食攤，以行動留住傳統好吃，讓她們不致煙滅於後疫情時代成絕唱。

也有人會覺得書名又台又港的主題不明確，很矛盾。

為此先要感恩前總編Momo小姐為本書張羅打點一切在榮休前，並把港仔託孤給當今的編輯團隊，在確定了美食散文方向後，當內容遇上寫不下去時，汪汪鼓勵記下所有關於港仔的一切，為台港兼存的內容下了註腳，還有Nana把「港式情書」四字加入「台北小吃」成為書名，害港仔首讀時突然激動，起了一身雞皮疙瘩。

既然是「生在港活在台」的在台港人，兼備兩地元素於文章中才是合情合理合邏輯，不會違和，哪來突兀？

鍾情台灣，深愛香港。

Why Not？

目錄

居旅 177

在台港人的年輪印記

Column

尋憶

腦海裡的家鄉味

『從土司、三明治、熱狗，
到炒蛋、沙嗲牛肉泡麵、雪菜肉絲湯米粉，
然後再來一杯熱檸檬茶，或是港式奶茶或咖啡，
對他們來說，
這樣的早餐很Perfect，完美得會常懷念……』

回憶中的鬧劇一場

灶咖古早味鹹湯圓

台北市／松山區

戀上鹹湯圓在來台後。

市面上販售這糰子的店家基本上都好吃，唯獨對灶咖情有獨鍾。老闆說湯圓製作是家傳口味，所以帶著一份古早氣氛。軟Q的手工糯米外皮包裹著充滿湯汁的肉餡已然好吃，在特別調製的湯頭下暗藏店家以豬油自製的油蔥，一經攪拌，香氣銷魂，尤其在冬天茼蒿上市後，以之作搭配，更是不得了，是會吃上癮的。有時意猶未盡，會再來一碗油蔥飯或切仔麵。吃飽離開前，又會入手一瓶油蔥酥和生湯圓回家來自煮，可證對灶咖有多愛。

會一訪再訪還包含了她的環境。白天有點不顯眼的小攤，到了黃色燈光下的晚上時分，畫面是老闆煮客人吃，背景音樂是台語歌曲接力播，很有一點老台灣的古舊情懷，讓港仔著迷，甘願因疫情未能回港的這幾年冬至都跑到灶咖來，藉由她的湯圓陪伴，雖然一人過節，但起碼有好吃，不會孤單。

9 —— 尋憶 腦海裡的家鄉味 **灶咖古早味鹹湯圓**

從小到大所有傳統時節都在外婆家度過，特別是冬至，因為香港有「冬比年大」的觀念，和家人同吃團圓飯的傳統多年不變。

我們家的時節飯菜多年來由外婆一人包辦。她的廚藝「還好」，會煮不多，為了應付逢年過節的一桌大菜，往往愈煮愈脾氣大，誰在廚房幫忙誰遭殃，最後準會被罵回客廳去。最後只好留外婆一人在廚房單打獨鬥，避開好心遭罵之險。

港仔對這桌外婆菜一吃多年從未生厭，因為一年只那幾次反會很期待。但不代表沒怨言，特別小時候的每年冬至，看到鄰居都有湯圓這一味，唯獨我們家沒有時，讓港仔看著難免口水流。

曾為此追問外婆。這樣一問等於強人所難，要外婆煮一桌賀節大菜已不容易，還敢要求吃湯圓？

早已忘記當時外婆的回答，卻難以忘懷為此受罰被吳大媽痛打一頓並被禁足房間中。鄰居後來送上一碗湯圓在聽到港仔哭鬧後，因為被關無緣吃到，湯圓最後全數落到吳大姐的口中肚內。

後來終於吃到湯圓在某年冬至時，要多得大舅的同居上海女友。這位小姐想到做到不瞻前不顧後的個性有點人來瘋。

在發現冬至飯桌少了湯圓這一項在她入住外婆家首年，二話不說買來材料要煮要製作。

外婆的廚房容不下我們更何況是她？她卻堅持上海人冬至不能少了這一味便直接插足廚房中。據說當時氣氛緊張，人人如臨大敵。

於是當晚餐桌除了一貫的外婆應節菜式外，各人面前多了一碗四顆的湯圓。湯圓個頭如小籠包，用滾水煮成，外皮有點軟，包裹著肉餡。味道如何早記不清，因為太大一顆煮不熟成了最深刻的回憶，而且經過重煮後的湯圓呈現皮爛肉散的狀態，看著噁心，沒人想吃。

外婆當晚臉色如多煮散開的湯圓沒有好看過，一年一度的冬至晚餐因此被毀。

本以為人來瘋小姐會如大舅其他女友一樣，來的快，去更快。沒想到她一住好幾年，甚至誕下了表妹。

人來瘋後來突然消失於某天，遍尋不果，本欲報警，因找到她決心離開的字條後作罷。

她留下字條，還留下了小女兒和芝娃娃小狗，最後全由外婆接手，從此成為外婆心頭兩塊肉。

至於人來瘋小姐為何離家？下落如何？是生是死？沒人知曉，成為家族懸案。而她在我們家的幾年宛如那夜冬至飯桌上的湯圓，同是鬧劇一場。

想起當年的這些那些在吃著灶咖的鹹湯圓於這幾年冬至時。吃著想著，愈發懷念外婆的時節大菜，可惜未能再嚐。不在於受疫情影響留台數年久未回港出席團圓飯，而是老人家年紀大心疼她一人入廚煮一桌飯菜的辛苦，家人飯宴早改為上餐廳吃館子。

如果冬至能許願，港仔心中默禱：

不奢望能再嚐外婆的手藝，只求她身體健康，疫情早點結束，讓我們團聚於明年冬至飯桌上。

地址／台北市松山區三民路180巷49號
電話／0905-022833
時間／Tue-Sat 10:00~14:00，17:00~20:00，
Sun 10:00~14:00（週一公休）

不吃早餐的好吃早餐

盛味豐炭烤燒餅

台北市／大安區

哪裡的早上不是由早餐開始？香港焉能例外。

最傳統當然是上茶樓，吃其「一盅兩件」，意思就是一杯茶兩件點心。可見吃雖重要，但茶亦不容忽視。港人常說的「水滾茶靚」，就是從茶樓引伸而來。

從前人早上吃點心，還有炫耀之意。上茶樓會帶著鳥籠，籠中飼養是相思是畫眉，全是叫聲宛轉清脆的小鳥兒。主人邊吃邊較勁，看誰家鳥聲最幽雅清晰。茶樓為此在窗邊在樑上特設掛鉤，讓鳥籠可吊在客人桌旁。遇上客滿時，鳥籠掛一室，整個茶樓中都是鳥叫聲，如百鳥歸巢般盛況，懂欣賞的說是百鳥爭鳴，像港仔般的小朋友，只覺嘈雜吵耳。

當今會上茶樓吃早點的肯定不是趕上班一族，因為獨自去吃貴了點，等侯出餐時間長了點。客人比較多是長者們，如吳大媽。但近年亦少去，因嫌棄現

在茶樓的茶葉不合格，也質疑供應的點心非自製，有食安疑惑。最重要是其他茶客愛高談論政，內容毫無邏輯可言，卻強詞奪理要人接受，她覺得比從前茶樓的鳥兒更吵更討厭，所以改去現點現製的點心專門店，價錢貴一點，味道好一點，重點是茶客食客皆斯文，鮮有高談闊論者，吃得舒適，樂得清靜。

相對於飲茶，年青早餐族更傾向於茶餐廳，愛她上餐快，選擇多。從土司、三明治、熱狗，到炒蛋、沙嗲牛肉泡麵、雪菜肉絲湯米粉，然後再來一杯熱檸檬茶，或是港式奶茶或咖啡，這樣的早餐對他們來說很Perfect，完美得會常懷念。

一位嫁到花蓮的港友，久未回港因疫情膠著一拖再拖，惦掛家人，同時想念在港茶餐廳早上的必吃——火腿湯通心粉。為求慰藉來自製，矜貴的以雞湯在家自煮，出來的味道不是太濃就是太淡，模仿不出茶餐廳似有還無那味兒。

要吃，可能真的只能在香港。

粥，也是香港傳統早點之一。不管是牛肉粥、艇仔粥或白粥，配腸粉也好，豉油王炒麵也罷，也可以來一條油條，都是不少人早餐的常吃。

港仔愛腸粉，特別是豬腸粉。別以為是餡料包豬腸，實情是素腸粉一條。因為圓條形如豬腸子，故得名。年青時最愛配「混醬」，醬油、甜醬、辣醬、芝麻醬、芝麻一樣不能少，讓白溜溜的腸粉沾滿不同顏色的醬料，入口有鹹有甜有辣又有芝麻香，是很香港的吃法。但此調不彈已久為健康，現在只加醬油和芝麻，口味簡單，但單純自有單純的美味。

至於粥，總覺得屬於病人，可免則免。

唯一愛外婆的鹹瘦肉粥。

港仔姐弟從小沒有吃早餐的習慣。外婆為了糾正我們錯誤的飲食觀念，每晚睡前用鹽巴醃一大塊瘦肉，隔天早上提早一小時起床用它來煮粥，上班前千叮萬囑我們要先吃才上學。

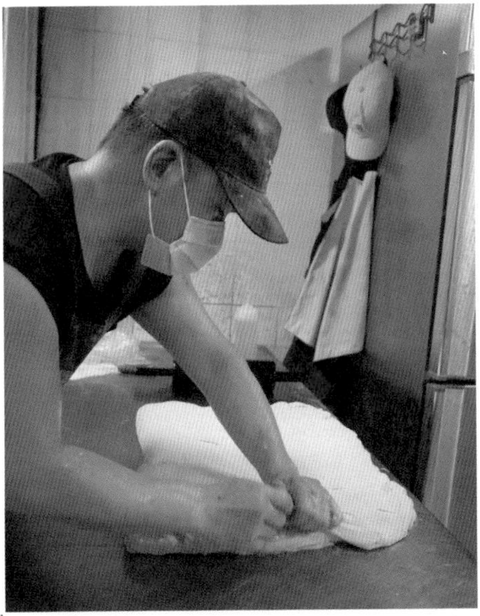

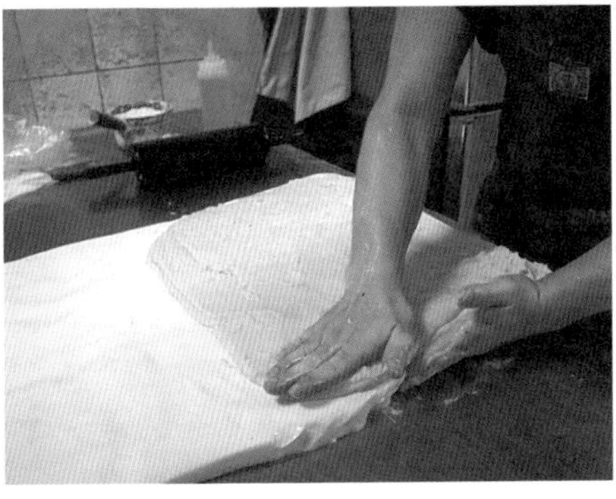

吳大姐乖巧聽話，自然吃過才出門。那像港仔叛逆把外婆的話當耳邊風，總是下課回家才來吃。那時的粥已非粥，濃稠如飯糊。最愛不加熱，冷的吃，還要加入大量醬油，吳大姐試吃一口，吞不下去，全吐出來。

「鹹死了。」她鬼叫道。

管你喜不喜歡，港仔卻吃得又香又甜，自覺得是人間美味。

外婆的粥沒有改變吳氏姐弟，我們至今過著沒有早餐的人生。有時早上吃飽了，反而胃會不舒服。幸好香港的早點其他時間能吃到，不致於錯過了好吃。

倒是常懷念鹹瘦肉粥的美味。外婆今年九十多歲，早已不煮不下廚，這個粥從此成絕唱，是另一回憶的味道。

台灣的早餐同樣豐盛選擇多，但大部分只賣早上那半天，而且好吃的都距離遙遠。港仔不介意為吃早出門，每每品嚐過後苦了我的胃，所以只能真的很想很想吃的時候偶爾吃一次。

猶幸盛味豐的燒餅不在此限。

香港沒有燒餅這東西，是港仔其中一個美味大發現於來台後。

但好吃那幾家都是只開早上的豆漿店，中午左右便收市。那如盛味豐，雖然是只提供外帶的燒餅店，但營業時間由早上至傍晚，方便中午才出門如港仔之流，簡直是佛心來著。

時間對上了，當然還包含了他們燒餅的出色不輸老字號名店。以老麵發酵的麵團，紮實有嚼勁，又帶麵香和三星蔥香。港仔最愛回家自加工。有時煎個太陽蛋蘸著蛋液吃，不然抹點奶油也是香。他們還有鹹香好吃蔥酥餅，水準同樣突出同樣強。港仔三不五時跑去買回一大包，一下子吃光光。

回心一想不吃早餐救了我，特別台灣早上好吃真的多，不然辰時卯時都能隨心所欲跑去吃，這樣不得了，人過半百吃太多，運動做多少都減不來，挺著一個大肚子你說有多嚇人。

真的，幸好。

地址／台北市大安區和平東路二段321號
電話／02-27022232
時間／06:30~18:30（週日公休）

外公和鵝肉

阿池鵝肉

台北市／松山區

港仔首吃鵝肉來自外公。

外公愛啤酒，每天傍晚回家會先來一瓶，吃晚飯時再來一瓶，習慣數十年不變。

年青時的他，曾經營自製傢具店，全盛期還有分店兩家。

不知什麼時候愛上啤酒，午飯時已喝得醉昏昏，把店中經營事務交給員工，自己跑去後方房間大覺睡。這樣一睡，三家店全被員工騙走了。

他只得由老闆被貶街頭開攤當木工木匠，開始認真對待生活，手藝很受客人讚賞。

摔了一跤，他愛酒之心卻不變，天天繼續喝。

外公常說，他不是酒鬼，每天兩瓶，多也喝不下。外婆本來很反對，後來真如所言，喝有定量，不會過份，也就由他了。

外公對啤酒很專情，偶爾來半杯九江雙蒸（米酒）轉換口味，對於紅酒、威士忌只在節日時淺嚐喝兩口，一句：「不錯。」後，又回到他的啤酒世界。

外公的下酒菜很簡單，以南乳花生為主，有時是烤魷魚絲，領工錢那天，則會大手筆買回一整隻燒鵝腿或潮州滷水鵝片來。每到此時吳家小姐弟都會圍坐桌前，不能共酒，但能共食，一老兩小吃喝開心。

外婆見狀總會罵說：「鵝太毒，家輝不能吃，叫你買烤鴨啊。」

港仔從小已是過敏性體質，外婆怕鵝肉吃了會皮膚腫癢或出疹子。「鴨沒油，不好吃。」外公每次回答如出一轍一字不漏。聽多了，埋下日後港仔愛鵝厭鴨的伏筆。

長大後，多吃了，引證外公所言非虛。鴨肉不僅瘦，少了皮下脂肪，只吃肉，雖然算嫩軟，但口感無聊。又因略帶臊羶，不至於討厭，但怎如鵝肉暗帶嚼勁又有獨特的清甜肉香？難免失色被比下去。

至於外婆的「鵝太毒」之說，沒有不對。《本草綱目》確曾寫下：「鵝，氣味俱厚，發風發瘡，莫此為甚。」但《本草綱目》中同時記載：「鵝肉利五臟，解五臟熱，煮汁止消渴。」清代藥食同源名醫王世雄的《隨息居飲食譜》則寫道：「鵝肉補虛益氣、暖胃生津，能解鉛毒。」

原來鵝肉是暖胃健脾食慾增的好物。

覺得古代醫術不科學嗎？來看看近代西方的研究吧。現代藥理證明鵝血可增強免疫功能和抑制癌細胞，鵝油的不飽和脂肪酸含量近80％，有利於心臟和血管，連世界衛生組織都曾把鵝肉列為建議民眾食用順序的第1位。

最難得港仔容易過敏，偏偏對鵝免疫。

所以，鵝肉，不能不吃。

在港吃燒鵝，品其皮脆肉香，搭配酸梅蘸醬，有一種重口味的好吃。

台灣的鵝則反其道而行，以清新肉甜見稱，是一種樸素的美味。

從前喜歡去寧夏夜市旁的雙連鵝家莊，是開店超過60年的老字號，她的鵝肉清甜好吃，還有每次必點的蜆仔也出色。老闆少說已達九十之齡，依然每天登場彎著腰剁骨切肉，還說要一直做下去。

今年想去吃，老闆換了人，店名亦改了，雖然仍然賣鵝肉，但已人面全非。

當今比較多去松山的阿池鵝肉。

雖然只有煙燻口味的選擇，但肉嫩甜，帶燻香，很討人歡喜，而且還有迷人鵝油飯，再配個綜合下水湯，來個一人全鵝宴，感覺就是爽。

要是外公尚在，肯定會愛上。

地址／台北松山區八德路四段600號一樓
電話／0927-919958
時間／17:00~22:30

無傷大雅的失而復得

老眷村煎餅

台北市／南港區

自小已嚐過失而復得的喜悅，因此更懂得珍惜的可貴。

故事來自一條陪睡小毛巾，始於嬰孩期，當時一邊吃著手指，一手摟著毛巾躺床上，模樣怪有趣，所以毛巾被戲謔稱為「啜啜巾」。

一用多年本是粉藍色的啜啜巾被口水日久蠶食，再經過多次洗滌，早已退色變得灰灰髒髒。

吳大媽一直說要丟掉，外婆也說買新的，港仔偏不肯。每次說到這話題，哭得死去活來，甚至因此引致癲癇發作，從此沒人再提出。

以為港仔會和啜啜巾天長地久一直下去，卻在某天突然失蹤遍尋不獲，不在床上，不在床下，不在客廳中。以為是吳大姐收起來了，最終把她也弄哭，眼淚直流搖頭否認。

吳大媽回憶當時港仔邊哭邊哽咽說：「沒有啜啜巾以後怎麼睡啊？」很有

點無語問蒼天的悽涼。

晚上外婆拿著一條全新粉藍色小毛巾來訪於下班後。

「啜啜巾回來了。」她逗港仔說。

明明顏色鮮艷新簇簇，當然打死不相信。

外婆解釋道：「她去洗澡了。」

「以前洗完顏色都是舊舊的。」以為小孩好騙嗎？

「她這次很乖有用肥皂洗啊。」外婆也非善男信女隨口說出一個原因來。

半信半疑的港仔還是信了。後來這條全新啜啜巾陪伴至小學3年級搬家時才正式退役，至今仍珍而重之把她放置抽屜保存中。

失而復得的故事來到台灣亦有發生。

先是再遇在香港早已消失多年的冷糕，台灣稱之為麥仔煎。

雖然外型口感一模一樣，但糕內餡料卻不盡相同，港式簡單用碎花生、椰子粉、芝麻和砂糖混合作內餡，不若麥仔煎的口味豐富多選擇。不過因為從前沒有很愛，再次重遇也只會偶爾一塊，為保留同樣在台已不多見的這個傳統小吃出點小力。

反而欣喜能再嚐油糍好滋味。

油糍，蘿蔔絲餅也。

這個客家小吃從前香港常見。小時侯在筲箕灣成安街的豬肉攤旁豆漿店便

能吃到。每回當吳大媽買豬肉時，港仔會跑到隔壁看老闆製作。他熟練的先在油鍋預熱油杯模具，倒入第一層粉漿做餅底，稍成形，放入已調味的蘿蔔絲和蝦米做內餡，再鋪上第二層粉漿，放到油鍋中炸熟，一個宛如黃金杯子的油糍便告完成。

吃時撒點胡椒粉，加點辣椒醬，香酥脆的外皮，熱騰騰的蘿蔔絲還有蝦米

香，連當年的小朋友都被吸引，好吃度不用多說。

後來會消失小島上要感恩香港政府一刀切取締街頭小販，不少傳統美食從此絕跡，包括了油糍。

所以多年後在捷運大安站旁邊巷頭小攤吃到現點現煎炸的蘿蔔絲餅時的心情激動可想而知，雖然外表有異非杯狀，亦稍嫌油膩，但根本就是油糍的借屍還魂啊！

後來發現了老眷村煎餅，他們的蘿蔔餅做得更好，不油不膩，入口乾爽，皮薄酥脆，蘿蔔的清甜和蝦米獨特的口感，配合胡椒粉和店家自調的醬汁，味道昇華更上一層樓。而且還有韭菜和紅豆兩款口味，不論鹹甜同樣出色好吃。

老闆說蘿蔔絲餅為從前眷村小吃，現在台灣少見。為求完美呈現這個當年小吃，還特地跑到中國學習，回台後再因應器材和食材作出調整改良，才有今天蘿蔔絲煎餅的美味好吃。

因為買少見少，不想再失去，所以港仔常買常吃，更不斷推薦給同儕好友。

現在介紹給看倌閣下同學們，邀請大家用吃來守著這個傳統美味，一起來珍惜。

地址／台北市南港區興中路56巷27號
電話／0970-329123
時間／Mon-Fri 14:00~19:30，Sat 12:30~19:00（週日公休）

艱難歲月中的一種福氣

北門鳳李冰

台北市／大安區

初嚐永富冰淇淋，覺得台灣很厲害，數十年前已自製充滿中華特色的冰凍甜品，難怪開業接近80年仍受追捧。

後來搬家，剛好在北門鳳李冰對面。這下不得了，夏天差不多隔天吃，冬天不例外，不吃不舒服。

北門的好，在於水準不輸一眾老字號。招牌是鳳李冰。以紫蘇梅冰作基底，表面鋪滿古早醃鳳梨丁再配一顆醃紫蘇梅，酸和甜的結合，很有一種傳統蜜餞的風味；又有李鹹冰，鹹香的味道，卻以冰品呈現，口味成熟整個很大人。

花生、芋頭和綠豆最得港仔心，明明變成冰淇淋，卻仍帶原本的質感、香氣和風味。因為可以一杯兩味，總愛為她們互換伴侶來個亂點鴛鴦，藉此賺取舌頭味蕾的快感。

這樣的傳統手工老口味，台灣同學從小吃到大，香港卻欠奉，難免有「台灣人真幸福」之嘆。

香港叫冰淇淋作雪糕。兩大品牌雄據市場於孩提時代。明明牛奶公司名氣更盛更受歡迎，港仔一家卻偏愛雪山的出品。後來才知道原來雪山較便宜，所以吳大媽一直說好來洗腦，小朋友不懂分辨，於是人云亦云。

當時最愛雪山的三色雪糕磚，外型製作方正如小磚頭，以紙盒包裝，紅白棕三個顏色分別代表草莓、香草、巧克力三種口味。港仔姐弟每次把雪糕吃完了，會爭先恐後霸佔紙盒子，只為上面殘留的雪糕。有時搶急了，會直接出動舌頭手指來舔來挖，吳大媽見狀定會來一頓罵，說髒說沒禮貌。但因為雪糕磚只在發薪時購入，平常難得吃，罵一下，也由得我們去了。

這樣的一月一次，不代表雪糕平常沒有機會吃。

吳大媽愛閱讀，每週日早上會領著我們去維多利亞公園的兒童圖書館，要求我們各挑兩本書，讀完才能離開。那時兒童樂園、小朋友、福幼幾本專門為小朋友而設的童書畫報是我們每次的選擇。讀著讀著，港仔和吳大姐從此培養出對閱讀的興趣。

現在看似容易，但當時要小朋友週日早上如上課般安坐圖書館很難，尤其窗外是鞦韆、滑梯、蹺蹺板。想玩樂的心難免化成一場吵鬧，吳大媽都以閱讀後的蓮花杯作獎勵化解。

蓮花杯是當時杯裝雪糕的一個別稱，因為使用來自澳洲Blue Silk Milk奶粉製作，蓮花商標被印在雪糕杯上，於是坊間稱之為蓮花杯。

雖然吳大媽每次只買回一杯蓮花杯，卻是整個週日的高潮。姐弟二人你一口我一口的吃得開心，也吃出爭吵來。互相指責對方那口比較大，高呼不公平。

後來吳大媽索性以冰棒取代，一人一根不用搶。當時冰棒兩毛錢，買兩根還比蓮花杯的五毛便宜，省了錢又樂得耳根清靜。

閱讀獎勵企劃到月底會有小變動，雖然依然是冰棒，卻換成「孖條」，就是在一根冰棒中插入兩條木棒，能二人共享，甚至小心掰開可以一分為二，但常會出現大小不一的局面。於是誰要大誰要小又變成了一番爭鬥。此時吳大媽會按我們在圖書館內表現作評分，一句「你剛才在圖書館說話太大聲」

或「書看完沒放好」來定生死，既能阻止「不公平」之聲此起彼落，也可以讓我們下週為吃自動自覺乖乖的看書來閱讀。令人不得不佩服當年吳大媽的聰明才智詭計多端不輸《射雕英雄傳》的黃蓉。

重溫從前，小朋友為吃不惜一切，不為好味，只是想吃。縱使那時吃到台式傳統手工冰淇淋，或香港也有差不多的東西，會懂得分辨好壞嗎？應該是當一般雪糕來對待。

回心一想，覺得台灣人自小吃到好東西固然是幸福，但港仔在艱難歲月中仍然過得開心，和吳大媽和吳大姐留下不少令人莞爾的片段，何嘗不是一種福氣？

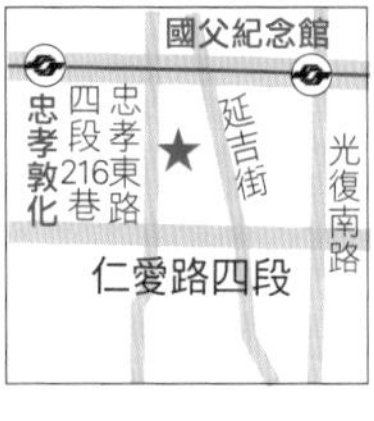

地址／台北市大安區忠孝東路四段216巷33弄9號
電話／02-27118862
時間／12:00~21:30

從前都能挺過去 今天也能撐過來

一肥仔麵店

台北市／萬華區

吃著古早味豬油拌飯在一肥仔麵店中，憑吃想到小時候。

那時家住山上平房，以為是中區半山有錢人，其實是筲箕灣的貧民區。

那個年代很多連繳付房租都有問題的窮家庭，為了減少生活開支和負擔，於是在山上用簡陋材料蓋房子，管他什麼蛇蟲鼠蟻甚至是土石流的威脅，最重要是便宜便能「有瓦遮頭」，有地棲身。

鄰居常打趣：「富人住中區半山，我們同樣住山上。」很有一點阿Q的自嘲精神，總比一家大小睡橋底強。

這些小房子剛開始時以木興建，因為火災頻繁，後來改用磚頭建牆，以鐵皮作頂，但因為材料成本貴，有時要花數月才能完工。這種房子看似比木屋好，但夏天超悶熱，冬天不保暖，遇上豪雨或巨風時更可怕。港仔曾被雨淋醒於颱風天半夜時，張眼一看才知道屋頂被風吹走。往後數週吳爸不知那裡找來

尼龍帳幕權充天花，待發薪日才有錢買來材料把屋頂補上。港仔姐弟當時年紀小，覺得好玩，回到學校在同學中炫耀帳篷屋，好像不懂窮的苦。

說好像，因為只要窮，就算小朋友都會有感受。

那時覺得窮最苦是餓肚子。

餓，小朋友當然明白，因為自小教育餓不得，會死人。

當時某日，吳大媽一反常態沒有上菜市場，待我們下課後便忽忽外出，舉動罕見。這樣一去，晚飯時仍沒有回來。也不知等了多久，姐弟二人餓了，但更怕吳大媽出意外。後來吳大姐致電外婆，拿著話筒的她一直哭，小朋友本已說話不清楚，這下子要了解更難，外婆只知道是出事了，決定先過來安撫小姐弟。最終吳大媽在外婆趕到前回來，手中握著一個紙袋，明顯是晚餐。

吳氏姐弟當時顧不得餓，一擁而上抱著吳大媽大哭，哽咽說著怕她從此不回來。

「我這不就回來了嗎？」吳大媽也哭了。

之後她把紙袋打開來，是醬油飯和蒸排骨，許是太餓了，還有那碗飯實在是太香太好吃，平常只吃半碗飯，那晚把一整碗全部吃掉吞下去。

後來聽到外婆問吳大媽才知道，原來家裡連買米的錢都沒了，只好問吳爸家人借錢度難關。因為吳家一直反對二人的婚姻，正好藉此來刁難，難聽說話一大堆，責備吳大媽不配為人母，沒能力生養，當初為何要結婚？

吳大媽邊說邊哭，外婆氣憤難平，氣得眼淚也流下來。

事情發生時，港仔只有4、5歲。

所以不要以為小朋友不明白窮的苦，不懂又怎會把事情銘記至今從未忘懷？可能當時未必能準確解釋說出個所以然來，但肯定了解沒錢就是被人欺負

低人一等。

這段看似是八點檔的從前往事，一直影響港仔。為了幫吳大媽「不配為人母」平反，生活多年在山上貧民窟，四周圍繞的是黃賭毒和黑社會，卻從沒有走歪學壞入歧途。在娛樂圈工作後，同樣沒有沾染圈中人亂花錢的習慣，存到了一點錢，第一時間買房子讓一家人安居。居住有改善，依然不敢忘記從前山上生活，特別是在經歷困難時，想到從前都能挺過去，今天也能撐過來。

還有當年的醬油飯，過了多年後才知道一直誤會了，原來吳大媽買回來的是豬油拌飯，即便後來流行魚翅拌飯，但都不如那夜的醬油飯甘香美味。

可惜香港在愈來愈進步時，拋棄了不少舊事舊物，豬油因為健康問題被淘汰，豬油拌飯亦消失社會中。

倒是在台灣還偶然可以吃到，如一肥仔麵店。

吃一碗豬油飯，搭配紅燒肉、黃豆腐，或是再來一碗排骨湯，以台灣的古早美味來懷念當年的香港。雖然今非昔比，但港仔至今仍非有錢人，亦不會奢望往後會大富大貴，只想生活好好過，努力活出精彩，是憶苦思甜下的頓悟人生。

地址／台北市萬華區西園路一段69號
電話／02-23880579
時間／10:00~20:00（週日公休）

吃慣了甜 怎能嚐苦

梁家苦茶

台北市／松山區

從不自覺體弱病痛多，但在外婆眼中永遠弱不禁風，加上身材纖瘦，總怕風吹倒地起不來，常叮囑要注意健康，縱使現在港仔已年過半百，在她眼中仍然是小孩，每次都要提醒提醒再提醒。

都怪小時候發羊吊之故。

發羊吊，癲癇症在香港坊間稱謂。

據說從嬰兒時期到5、6歲前，港仔每每發燒伴隨而來是癲癇，嚇到吳大媽，也嚇著了外婆。醫生診斷不出個所以然，只說要觀察。看著細小身軀無意識的陣攣斗動，面對沒有答案的病情，每一次發作都是驚心動魄。

西醫的無作為，外婆轉向中醫尋求幫助，從而展開了港仔和臘梅花每晚的搏鬥。中醫學上，臘梅花有開胃散氣、解渴生津、止咳和治胸悶、嘔吐等藥用療效。

冬瓜茶
國泰人壽

茶 大 35 小 20
湯 大 35 小 20
茶 大 35 小 20
茶 一碗 35

港仔至今不明白和癲癇的關係，但就這樣服用了3年。

剛開始時味道太苦太澀，會下點蜂蜜來逗小朋友一口一口的喝下去。

但港仔身處非大富之家，一瓶蜂蜜吃完後，已沒有餘錢買第二瓶，只能直接服用。

吃慣了甜，怎能嚐苦？

港仔至今難忘當年每天晚上拒絕喝藥的哭鬧情景，甚至還有吃後吐出的片段至今歷歷在目。

臘梅花不便宜。本來一天一服，後來一服翻煎兩次，再後來是一服分兩次煮後再翻煎，最後終於吃不起也吃了3年的日子，港仔真的癲癇停止沒再發作。

告別發羊吊是否真的因為臘梅花？港仔沒答案，但外婆堅定回答：「一定是。」

中學時期住在外婆家那好幾年，她一直對港仔的健康提心吊膽。

一年冬天特別冷，港仔偏偏氣管弱，被冷得咳嗽不停，今天好一點，明天更嚴重。咳到冬天過後春末夏初仍沒遏止。

那時家景好一點，外婆再次買來中藥天天煮，外加嚴格要求港仔24小時以圍巾保護脖子免再受風寒令咳嗽加劇。

當時已經不覺得中藥可怕，因為圍巾令人更難堪，大太陽下高溫中仍然不能脫下來，同學都以為是瘋子，比臘梅花更讓人苦不堪言。

但港仔就是這樣在一個月內被治好了。後來才知道，當時是氣管過敏引發了氣喘，外婆的圍巾治療完全正確。

至今每回見面或是通電話，外婆都不忘叮嚀港仔圍巾要用好，隨身攜帶不能少。

亦是從那時開始，家裡涼茶一週兩次煮起來。夏枯草、雞骨草、菊花茶、竹蔗茅根馬蹄水，全為港仔健康而設。

喝習慣了，早不怕苦。有時不僅家裡喝，也會在外面買碗廿四味咕嚕咕嚕的一乾而盡面不改容。

特別開始在娛樂圈工作後的沒日沒夜忙忙忙，時間顛倒和睡眠不足身體聚積下的燥熱上火，一碗廿四味灌下去，如熱鐵遇冷水，「喳」的一聲高溫立即被冷卻，萬試萬靈。

涼茶早變成港仔日常生活的必須喝。

可惜台灣並非人同此心，廿四味難找，沒有涼茶這回事。朋友介紹可以清草茶來代替。查證網上，表示和涼茶同系，卻有輕重之分，喝下去，壓不下燥火，只有春風吹又生的份兒。還有苦茶這一味，也同屬涼茶科，夜市常見，但水準參差，喝一碗，不甘不苦，不痛不癢，療效成疑。

偶然發現梁家苦茶於南松市場旁。小店一間，卻很有香港古早涼茶店的味兒。老闆梁先生開店超過60年，至今遵循唐山老師傅的配方，每天以26種藥材熬煮12小時把苦茶煮出來，難怪藥汁濃厚，口味回甘，只苦不澀，令港仔一喝成粉絲。

每回都要來碗溫熱的，縱然大熱天，別人看著覺得不可思議。涼茶性寒涼，再喝冷的涼上加涼，不管虛火多旺盛，這樣喝下去反而傷身。

若要喝冷飲，梁家還有濃郁酸梅湯，買回家，加入氣泡水，成為特調，是另一消暑好喝。

早前疫情嚴重，梁先生不如一般店家關店休息怕被感染，反而自豪一針沒打以苦茶護身，體魄健壯看不出來已經八十多。

疫苗在測試階段時已推出，是否真能保平安？至今已有很多醫學證據道出真相。所以你愛打，不會批評，你不打，也不會說什麼。

但支持梁先生以苦茶護體，不管是否體弱多病，不能不喝，港仔每週準時報到。

地址／臺北市松山區塔悠路40號
電話／02 -27466815
時間／07:30~21:00（週三公休）

台灣碗粿和香港缽仔糕的美食神奇

小南鄭記台南碗粿

台北市／大安區

如果美食也有啟蒙，小南鄭記肯定是港仔的碗粿老師。

都說小南鄭記的材料有蝦仁、瘦肉、蛋黃很豐富，碗粿切開時看似紮實，其實Q彈細綿。因為在米漿中入了油蔥肉燥來提味添香，上桌時再淋上一匙肉燥汁，那份既鹹又甜的醬味很獨家。若論吸引，都不如米香濃郁誘人，是靈魂所在。老饕都愛配以虱目魚羹來共吃，讚賞魚羹中添加了旗魚漿更顯彈性，於是一口碗粿一口湯羹，成了店中獨特風景。

初吃小南鄭記於十多年前，先從家居附近的大安分店開始。後來老闆告之不管是碗粿或虱目魚羹全由總店灶煮好後送過來。為求真，刻意跑萬華本部作味道認證，果然不假，口味水準如出一轍，顯見店方不因分店而隨便，味道監控一點不馬虎，難怪傳承三代經營成為超過50年的老店家。

因為小南鄭記，愛上了碗粿，甚至會尋覓其他好店，才有後來認識吳碗粿

之家和丁姐碗粿，成為日後的常吃好店。所以說「啟蒙」非誇張，實在是要感恩的。

為此總會邀請旅台港友去吃來品嚐，往往在得到一致好評後感嘆在港吃不到。

雖然香港沒有碗粿很可惜，但我們同樣有蒸碗糕類點心，砵仔糕也。缽仔糕以粘米粉和紅豆製作，傳統放在一個小瓦缽上蒸熟，因此得名。新鮮蒸好的口感軟綿，冷卻後更帶彈性。分為白糖、黃糖兩種口味。白糖偏甜，港仔更愛黃糖帶香，每次只會選擇後者。最好玩是攤販會用兩根竹籤從一端插入，輕輕一壓，從另一邊穿出，讓她脫模離碗，糕體因此呈現一個小弧度，為外型加添可愛感。

首吃砵仔糕在小學一年級的開學日。

小朋友首天上學因為環境陌生而害怕，看著媽媽要離開更缺安全感，上課鈴聲響起如行刑時間到，多位準小一生哭鬧的生離死別混亂場面中，港仔沒有加入，乖巧的坐在座位上，為此吳大媽以吃作獎勵於放學後。

當時有一販賣芝麻球、倫敦糕等中式糕點的小攤每天開攤在學校斜坡下。在吳大媽帶領下來到攤前並批准從中選擇一款糕點作犒賞。忘記為何會挑選從未吃過的砵仔糕，但是忘不了小攤老闆用竹籤把砵仔糕串起來後送到港仔面前的技巧純熟如變魔術，也記得當時手拿竹籤邊走邊吃的開心。許是看到港仔吃

得香甜，隔天放學吳大媽又再買來一塊。如是者，天天放學天天吃，成了習慣，是母子之間撇除了吳大姐後的小秘密，幸好東窗不一定事發，不然一直講究「公平」的家庭教育肯定早崩塌。

那攤缽仔糕從吳大媽接放學開始吃，到可以自己下課回家去仍在吃，從兩毛吃到四毛，後來再加價至五毛，價錢上調，生意受影響，攤販立即推出沒有紅豆的版本，雖然只賣四毛錢，可是客人沒有再回頭，港仔亦是那時開始放棄缽仔糕，和同學改去巴士總站的小吃街買吃去。

甜點小攤沒多久便消失於學校斜坡下，是搬去別處繼續擺賣經營或是收攤轉行幹別的已無法得知。

倒是砵仔糕繼續在香港橫跨數十年成為充滿懷舊味道的傳統小吃，不僅受港人歡迎，甚至被在港台人稱為香港版的碗粿。

有趣是香港人吃碗粿會想到砵仔糕，台灣朋友嚐砵仔糕時則會懷念起碗粿來。

美食的神奇，莫過於此。

地址／台北市大安區大安路二段60號
電話／02-27053578
時間／Mon-Sat 11:00~20:00（週日公休）

跨越台港矢志不渝的米粉愛

阿嬷的米粉湯

台北市／南港區

超力銀絲米粉是港仔和米粉的初戀。

品牌成立在一九七二年，憑銀絲米粉打響名堂。電視廣告中的一句「超力力力～～～」當年無人不知道。據說老闆本來做假髮生意，後來決定改賣米粉時，採用當年假髮名牌「超力」為品牌名字以作紀念。

超力會受歡迎，很大原因是他們的米粉和香港一般吃到的不一樣，外型比較接近台灣的品種，因為幼細如銀絲，所以名之銀絲米粉。採泡麵形式推出，可煮可泡，麵質滑嫩，包裝內的蒜油一經加入熱湯中，迷人香氣滿一室，不輸出前一丁的麻油。

不僅港仔愛，吳大姐也喜歡，小時候的我們，更為此訂下協議，要是只能出前一丁和超力米粉二選一，各選一項後再交換來吃。

雖然這個協定從來沒有實行的機會，但顯見超力的美味威力媲美全港最愛

的日本泡麵，令當年只會吵架姐弟兩都有和平相處的一刻。

香港米粉當然不是只有超力，一般麵粉工場都有生產，不管在酒樓、餐廳或是麵店亦能吃到，是尋常又家常的麵食。後來從中國傳入的雲南米線，令選擇更見多樣化，同時造就了譚仔雲南米線的崛起，不僅連鎖分店遍港九，他們請來新香港人員工說著一口帶鄉音的廣東話招呼客人亦是特色，甚至被放大變成電視廣告，更厲害是連續數年獲選為米其林必比登推介餐廳。即便港仔一直對其味道不敢恭維，但無可否認她早擄獲人心。早前和西門町港記小食店的香港店員聊天，說到最懷念香港味時，他的答案是「譚仔」，原來「譚仔」早已跳出味道領域成為香港的標誌。

其實台灣也有米粉，何需大費周章回港才吃才品嚐？

因為兩地米粉文化有點不一樣，外型粗幼會帶來不同口感，在烹調上亦很不盡相同。

台港不是都會用炒的方式嗎？

台灣傳統炒米粉會加入水或高湯，讓粉條吸收味道。這種手法香港叫作燜，如雪菜肉絲燜米便是通過過種烹調方式製作。

香港傳統炒米粉先從打米粉開始。

把米粉放在滾水中，攪散，關火，浸泡數分鐘，至米粉折斷後仍見米心，取出，鋪上濕毛巾，直到米粉退熱變涼。熱鍋，下油，下米粉，不用翻動，把一面煎至焦香，翻面，煎另一面，聞到焦香後，取出。再來炒配料，炒香後，下煎好的米粉同炒，下調味，翻炒均勻後，起鍋盛盤開吃去。

這樣炒出來的米粉，乾爽好吃又帶焦香米香，因為經過打米粉的步驟，令米粉更有彈性，著名的星洲炒米便是用這種烹調方式來處理。不過台灣同學適應了台式炒米粉的濕潤，常吃不習慣港式乾炒，覺得卡喉嚨難吞嚥。

米粉湯則是另一種很不一樣的麵食，是港仔最早愛上的台灣美食之一。剛來台時，台灣朋友介紹這個食物：「可以當麵吃，也能當湯喝。」是用筷子和湯匙的分別嗎？港仔至今搞不懂。

在香港，除了湯品外，只要放在湯中不管是粉麵飯，名稱上，湯，會放在前面打頭陣，如湯飯、湯麵、湯河粉。

米粉亦然，稱為湯米粉或簡稱湯米，像餛飩湯米、牛腩湯米、鮮魚湯米等。

稱呼有落差，外表亦有異。

台灣米粉湯用的更像是香港的瀨粉。

有人說：「凡是香港長大的，對瀨粉的印象必然與燒味掛勾。」

港仔很讚成，因為燒鵝瀨粉、叉燒瀨粉都是吾之所愛。

但也不能遺忘了以雞絲、叉燒絲和火腿絲的三絲炒瀨，同樣好味好吃，加點辣椒醬，更是不得了。

相對瀨粉的重口味，米粉湯走的是單純的口味，煮過豬內臟的肉湯是精華，搭配米粉的微帶彈性和米香是一絕。

港仔喜歡的米粉湯有好幾家，像信維市場大安路入口的無名米粉湯，還有東門市場黃媽媽的米粉湯都很不錯。

近來最常到的則是後山碑的阿嬤的米粉湯，除了因為地點最接近港仔的家外，還喜歡阿嬤的口味獨特，會在米粉湯中加上酸菜，讓充滿豬肉鮮甜的湯頭多了層次更好吃。手切小菜有多樣化豬的部位作選擇，港仔偏愛頭骨肉和脆管，可惜沒豬舌，不然肯定是每次必吃。

阿嬤的米粉湯營業時間由早上六點半至下午兩點半。港仔貪睡更貪吃，願意為米粉湯早起早出門。朋友覺得不可思議，沒想到港仔對米粉的愛如此深，從當年的超力到今天的阿嬤，跨越了港台。

希望可以一直愛下去，矢志不渝。

地址／台北市南港區東新街81號
時間／06:30~14:30（週一公休）

COLUMN 1

別人都恨的，港仔的大愛。

永和豆漿大王復興南路
地址／台北市大安區復興南路二段102號
電話／02-27035051
時間／05:00~14:00，16:00~01:00（週一公休）

秦小姐豆漿店
地址／台北市松山區延吉街7-6號
電話／02-25705589
時間／05:30~13:30

別人都恨的鹹豆漿，港仔的大愛。

一直覺得鹹豆漿很奇妙，愛恨分明外，製作上也有趣。主要原理是把醋加入令豆漿中的蛋白質凝固，如上化學課做實驗，充滿科學感。吃時配以醬油、油條、菜脯/榨菜、蝦皮、香油和蔥花，再依個人喜好淋下辣油，令本已口感復雜的一碗，口味上有更富層次的呈現。

愛她者，如港仔，覺得鹹鮮，是大人的味道。不愛的，則認為是廚餘是嘔吐物是壞掉了的餿水，如果這就是成熟的口味，寧願一生當屁孩，拒絕成長。

對鹹豆漿亦曾有誤會。一直以為源自上海，因為在港只有賣上海瓷飯（飯團）豆漿的店家才吃到，直覺是滬上的傳統食物。

後來翻查資料翻出個意料之外。上海從前那有什麼鹹豆漿，原來是台灣的永和豆漿登陸中國於1995年時才被介紹到彼岸，在魔都沒有悠久歷史，也非他們的傳統食物。

是台灣的發明嗎？網上沒資料。但總不會憑空而來，在此拜求有答案的同學不仿來涵告之，不然港仔肯定死不瞑目。

率先奉上三間港仔常吃的豆漿店以表誠意作答謝。

在復興南路路消防局旁的永和豆漿是難得宵夜時的最常去。他們鹹豆漿的豆花細緻，除了一般材料外，還會撒上一匙魚鬆，淋上辣油後，搞拌同吃，鹹辣的口味在口腔大鳴大放，還有不同食材的獨特口感帶來味蕾刺激，冬夜吃一碗，讓身體發熱發燙，比用暖包強。

為配豆漿，會點一客蛋包飯糰。飯糰的外型細

豆漿燒餅店

地址／台北市萬華區環河南路二段125巷5號
電話／0930-322901
時間／Mon-Fri 04:30~10:00，Sat-Sun 04:30~10:30

長，走紮實路線，吃不到老油條的酥脆，但能嚐其軟嫩。以蛋包裹，在糯米香外又多了一層蛋香。曾經外帶回家，將之如日式飯卷般切成小塊上桌，立時成了賣相精緻的高級菜。

也喜歡秦小姐豆漿店。

他們的鹹豆漿本已豆香誘人，美味的菜脯更起點睛之效。請不要忘了下點辣椒油。少了她，不會不好吃，但有了她，會讓你美味升天，看你怎選擇。

秦小姐由早上營業到中午，非港仔平常進餐時間，明明吃完一碗豆漿已很飽，但每回也要加點燒餅夾獅子頭或是來一客豇豆蛋餅，在新鮮時先吃幾口，然後打包回家當午後點心。

最後一家是要清晨起床才吃到的豆漿燒餅店，誰叫她打烊時間在早上10:30。

他們的鹹豆漿走清淡路線，需要親自動手調出配對自己脾胃的口味，就憑桌上的醬油膏和辣菜脯，特別是後者，要下重手，攪拌後同吃，是另不同的世界。

他們這合辣菜脯有起死回生的神效，令好吃更好吃。所以吃煎得酥脆的手工蛋餅時要加，飯糰要加，連燒餅油條都不能錯過同樣加，好吃得港仔要買回一瓶放在家中隨時想吃便吃。吃完順便作為藉口讓港仔不得不清晨起床跑到萬華來，先吃鹹豆漿，再來入手辣菜脯，多加兩杯充滿焦香的無糖豆漿外帶回家慢慢喝。

What？是焦香豆漿無誤。覺得焦味臭了點？是煮失敗的產物？是否又點中你不吃的死穴？

但港仔的口味就是怪，別人不喜的我偏愛。

鹹豆漿、焦香豆漿和納豆，一篇三地雷，歡迎來吐糟。

探食

來自味蕾的真實回應

『當習慣了沒有，覺得沒關係，
然後慢慢會忘記，於是傳統不再是傳統，
口味從此改變，古早不再，變成三不像。
有些事情，不能將就，切忌讓步。』

不能將就的傳統口味

黑老闆胡椒餅

台北市／中山區

胡椒餅，港仔心愛台吃之一。是沒有朋友推薦下首個自我發掘的街頭傳統好吃於初來台灣時。

當時剛來，少有四處走動，只會光顧大安路那攤，也是因為吃了他們的貼爐胡椒餅而一吃傾心。

新鮮烤好的熱騰香脆帶肉汁，冷了依然肉鮮味辣，怎樣都好吃。因為太喜歡，一天吃一個已是指定動作，仗著年青不怕胖最高紀錄是一口氣鯨吞半打而面不改容。

甚至在上飛機回港當天買來一大包，用保冷冰保存帶回香港。吃時放飯鍋中蓋蓋乾煎烤烘讓她重生又可食用。

當然不會獨樂樂，刻意和吳家母女分享，藉美味好吃，引導她們升天，從此一家三口成了胡椒餅的俘虜。

直到某天在台完食一個後，先是肩膀發麻，然後擴展全身，延續上大腦。是味精中毒。回家跌坐沙發中，昏睡兩小時。室友回來看到港仔身體僵硬叫不醒，被嚇得差點報警叫救護車。

唯有放棄不吃⋯大安路這一家。

當時在家居附近有一間烤燒餅店的小酥餅港仔很愛吃，據說總店在南港，決定要去會一會。原來本店除了小酥餅好吃，還有厲害胡椒餅，炭香麵團香，還有那個脆度和肉的質感，讓港仔一吃回不去。近年搬遷至南港，更成了長期主顧。這一間就是江湖上鼎鼎大名的南港老張燒餅店，港仔亦曾於《台北人情味小吃》中以文字分享了和他們的食緣。

老張的胡椒餅走傳統單一口味，有時想多點選擇，會到黑老闆來。從前吃黑老闆要到士林去，後來他們遷址到松江南京，雖然仍是有點距離有點遠，但是每回在出版社開會過後，必會順道過去買來吃。

黑老闆的胡椒餅除了原味外，還提供起司、泡菜和墨西哥辣椒三種選擇。港仔嗜辣，喜愛後兩者，特別是墨西哥辣椒配著酥脆的餅皮吃就是爽。至於泡菜口味，會出水，不能久放，讓餅皮變得太濕潤，建議現買現吃，不然挑選其他口味比較好。

還有兩家很想吃，分別是饒河夜市那一攤和華陰街的福元。前者客人超級多，要吃要排隊，怕等的港仔往往等不了，跑去吃別的。華陰街雖然沒人龍，但以領號碼牌取代，到出爐時間再來取，好處是不用現場苦侯，但一般都要兩個小時或以上才能取餅吃到，是令港仔卻腳未能得嚐的原因。

曾有在家製餅的經驗。

早前全聯社團曾瘋傳胡椒餅食譜，照板煮碗跟著做。

把在超市買回來的蔥油餅皮搓成麵團

豬絞肉用醬油、米酒、香油、五香粉、白胡椒、黑胡椒醃製

把醃好的餃肉和蔥花包誰蔥油麵團中

在表面抹水，沾上芝麻

放入氣炸鍋或烤箱，先用180°C烤10分鐘，再用200°C烘烤5分鐘

出來有模有樣，卻有天大缺陷。

超市買回的蔥油餅的麵粉香不足，因為非炭烤，同時少了迷人炭香。

縱使味道不錯，沒了這兩香，變成不合格。

朋友說：「在家自煮將就點吧。」

有些事情可以得過且過，但是傳統口味這回事不成。

當習慣了沒有，覺得沒關係，然後慢慢會忘記，於是傳統不再是傳統，口味從此改變，古早不再，變成三不像。

有些事情，不能將就，切忌讓步。

傳統口味如是，真理正義亦然。

要堅持。

地址／台北市中山區伊通街98-1號
電話／0983-817444
時間／11:30~18:30（週六、日公休）

無憾的傳統美食紀錄不分享不行

貴陽街四神湯

台北市／萬華區

港仔從來喜愛攤檔小吃。

二〇一五年為寫《香港人情味小吃》一書買下Olympus全新相機作試拍於萬華區，偶遇在老房子屋簷下的無名四神湯攤車，道地又市井的模樣正是港仔喜歡的街頭景觀，殊不知小攤的食物同樣切合脾胃。

攤車供應的食物不多，只賣四神湯、筒仔米糕及豬肚湯共三款。本想來個一套三碗，可惜小鳥胃不爭氣，肯定浪費吃不下，於是點來前兩者。

小小一碗四神湯上桌飄香，湯頭滿是豬內臟的濃甜，腸子份量多，不腥不韌軟綿好吃。米糕同樣好，下點店家自製的勁辣蘿蔔干，米粒蘿蔔鹹甜辣的混合原來很可以，吃著過癮。

再次證明台灣小攤水準高，從此攤檔好吃名單再添一員。

對於街頭經營的露天小檔小攤，情意結始於童年時的香港大排檔。

當時每區每街隨處可見，上不起餐廳館子，大排檔成為外食的唯一選擇。提供的食品可多著。這家賣魚蛋粉，那家賣粥和炒麵，也有主攻餛飩和牛腩，還有燒臘和煲仔飯。那時港式西餐已出現，有不少排檔供應港式奶茶、咖啡、三明治和通心粉，有「茶檔」的別稱，是市民早餐或下午茶的首選。只在晚上營業的也很多，提供晚飯和宵夜，一般賣港式小炒、甜湯或生滾粥。

讓港仔至今難忘是王貴昌的魚蛋粉。

他們的魚蛋屬於潮州派，白中帶灰，微彈微軟的口感，代表粉少魚肉多，能吃出魚鮮香。連怕腥不敢吃魚的港仔，遇到王貴昌的魚蛋都會開懷大吃，因此吳大媽常會帶港仔來吸收魚肉營養。

河粉也有水準，蒸好的粉皮一整片買回來，現場手工切成粗條狀，經滾水泡煮，米香亂竄一街頭，誘惑動人。

吃時定必下點店家自製辣椒油，她的辣很過癮，夏天會吃出一身汗，冬天則愈吃愈溫暖。

這樣的一碗，從1.5元到後來賣5元，一吃十多年，直到港仔中學時，王貴昌突然消失於本來的路邊小巷中。聽說老闆因為炒賣樓房大賺一筆，發了財，從此金盆洗手告別排檔的辛苦，向大富之家進發。

或許因為她結束的突然，事前無徵兆，未能好好告別吃上最後一碗，有遺憾，令港仔一直覺得吃過最好的魚蛋粉就在王貴昌。

那時還有四攤頗受歡迎的大排檔開設在筲箕灣太安樓對面的太樂街，以燒臘檔為首。他們的燒肉、白切雞和油雞都有水準，但最好吃是叉燒，雖然不如茶樓的厚重大塊，但切成薄片同樣能吃出軟綿，很下飯。後來檔攤頂讓予一位上海菜師傅，改賣上海炒麵和酸辣湯，是港仔中學時的常吃。

排在第二攤的餛飩麵也是不得了，在筲箕灣區出了名的好，常因為供不應求要邊賣邊包。看著老闆兩位女兒用竹片速度神快把蝦肉肥肉瘦肉以麵皮包裹，本來堆成小山丘的餡料不一下便只剩那一點點。同學們沒看錯，這樣的餡

料才是正宗，才是傳統，後來出現的全蝦餛飩，又是另一個故事了。

至於第三和第四攤分別賣粥和晚飯小炒，港仔少吃，或是從未吃過，沒甚印象，只記得粥攤老闆常會硬推薦要我們也來吃吃看他的粥和腸粉，但從未成事，因為在聖十字徑有吃了多年的粥攤更得吳家心。在旁邊丘佐榮學校前又有好吃臭腸韭菜湯，每回接表妹放學，都會買一碗二人共享，雖然有人說太安樓旁太康街的那攤更好吃，港仔則更喜歡同一路上的牛雜和生菜魚肉湯…

這些當年的庶民美食已成回憶，都是可一不可再的Those Were The Days。

曾經昌盛的大排檔早已消失小島上，難過當年沒有網絡也不流行撰寫食評，從未留下片言隻語為這些排檔寫文發聲紀錄下他們各家的美味作表揚，視為憾事，讓港仔決定記下傳統美食於開始寫吃時。來到台後習慣不變，偏愛分享小攤小吃。

前一陣子用了7年的Olympus出問題，維修無效，返魂乏術，入手了一台Canon，剛好在籌備本書時，不期然想到當年拿著新相機去拍去吃的無名四神湯，當今已被網友以貴陽街四神湯稱之。味道不變，好吃多年。

當時寫書礙於主題地區所限，未能將她納入內容中。這次寫台北，不分享不行。

各位同學，貴陽街四神湯。

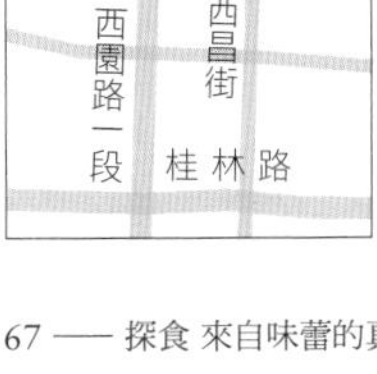

地址／台北市萬華區貴陽街二段176號
電話／0937-868693
時間／09:00~16:00（週一公休）

奇想中未能成事的台式港式Crossover

徐家紅豆餅

台北市／信義區

知道徐家紅豆餅是有幸有不幸。

多年前朋友膝蓋出問題，手術動刀在吳興街北醫。身體出狀況視為不幸。

幸者當然是讓港仔在北醫旁邊遇上了徐家，一吃二十年，由從前老闆夫婦二人顧攤，到後來只剩老闆一人當家，現在則有兒媳來幫忙並指定成為接班人。雖然不常來，但每回在附近都會到訪買來吃，算老主顧。

徐家紅豆餅的好，在於不會死甜，大花豆、奶油、地瓜，都甜而不膩，港仔能吃可接受。若論最愛，首推蘿蔔絲，這味鹹脆很台灣，把日治時期留

下來的和式果子今川燒完美本地化，配上薄脆的餅皮，新鮮熱呼呼出爐的實在好吃沒話說。

最愛近距離觀賞製作於等餅時，對大型圓盤手動旋轉模具印象深刻。先從掃油開始，然後倒下麵漿，塗滿餅杯，老闆手動圓盤一轉，輪到媳婦放餡料，再次轉動，回到老闆那邊把半熟餅兒放上麵皮蓋子來封口，就這樣轉來轉去的完成製作。

轉盤模具據說是四十多五十年前開業時沿用至今的老臣子，大概是屏東萬丹試種紅豆成功後，也就是紅豆開始在台普及時。可見這模具除了盛載了徐家經營的歷史，說不定還保留了台灣紅豆餅最初期的原型。

所以覺得台灣很厲害，能橫跨時空把飲食文化完整保留，當今仍可找到日治時期的餐飲習慣於台灣社會中。除紅豆餅外，如台式生魚片、麵店中的味噌湯、便利商店的關東煮，還有夜市的鐵板燒和炒烏龍麵。甚至影響了烹調技巧，以醬油滷煮或用柴魚製作湯頭都引進自日方。連愛甜，亦有人認為是來自關西食物嗜甜的特色。

這點和港食被英國影響深遠如出一轍。

港式美食不少源自英殖時代，看著老外如此吃來個東施效顰，但因食材昂貴而改用其他材料取而代之，也有因為口味問題作出更適合市場的變更，於是發展出西食東吃的港式口味，成為小島美食特色。

隨口一說已例子一堆。

先有三明治。那個年代的烘焙技巧不如今天，土司麵包外皮又硬又難吃。所以港式三明治流行「飛邊」，就是把邊緣切掉。這樣一切，麵包少了，按理應該更便宜，沒想到賣更貴。當時為了幫吳大媽省下一角幾毛，吳氏姐弟即便多不愛，都不敢要求飛邊處理，唯獨是和外公外婆去吃時，才會大聲說「飛邊啊咖該」，有時外公會豪氣的點一客最貴的公司三明治。內容包含了萵苣、番茄、雞蛋、火腿、雞肉，等於台式的總匯。不僅飛邊，還要把土司烘的又乾又脆，叫作「烘底」。三明治上桌，有別於一般的對角切開，而是以X形切成四份，再串以尾巴有彩色玻璃紙的牙籤，感覺高級，一瞬間，誤以為自己也是有錢上等人。

有吃自然有喝。

港式奶茶同樣來自英殖時期的大不列顛國，是改良的英式奶茶香港版。英國人除了把奶茶帶到香港，同時入口了每天下午三點三要喝茶吃點心下午茶文化。當時洋行外國人老闆領著外藉同事喝茶去，本地員工自然有樣學樣，但肯定不如老外的喝得好吃得好，一般光顧大排檔。小攤檔何德何提供英式奶茶？因為原裝英國版本採用有「紅茶中的香檳」之稱的印度大吉嶺紅茶配新鮮牛奶和砂糖沖泡而成，價錢非一般人能負擔。香港民間來個食材大換血，以三種以上的廉價茶葉混合，沖出比英式濃厚的茶汁，更適合當時勞動階層「喝濃茶提神」的需要；又改以奶水取代牛奶，成本便宜，兼有補充熱量的優點。這樣的改動，令茶味更香更厚實，配合奶水帶來更圓潤的口感，成就了港式奶茶一賣數十年，升格成為香港經典飲品。

港仔一直想把徐家紅豆餅和港式奶茶作配對成為跨地域的下午茶套餐美食，讓兩地擁有歷史意義的好吃好喝來個Crossover，以此來滿足味蕾飽足口腹，豈不快哉？

但台灣難喝到道地的港式奶茶，香港也沒有徐家。

只能流於空想，未能實現。

可惜。

地址／台北市信義區吳興街227號
電話／0926-657415
時間／Mon-Thur 14:00~20:00，Fri 14:00~19:30（週六、日公休）

糯米的伸延聯想

阿萬油飯

台北市／萬華區

沒有吃白米飯的嗜好，但深愛糯米。

喜歡她的軟糯，米香味甜很迷人。

糯米在香港美食選項中看似不多不起眼，其實為數不少又統統好吃，令港仔沉淪其中難以拒絕。

單是飲茶的點心名單上，已有很多選擇。

小時候和外公上茶樓，他愛讓港仔在外表相似的荷葉飯和糯米雞中二選一，每回都是後者勝出。會獲勝，很大原因來自她的材料豐富，有雞肉、叉燒、香菇、蝦米和鹹蛋黃，伴著吸收了材料汁液精華的糯米一起吃，那種軟綿綿，愈吃愈香，有種咀嚼的快樂，哪知道原來這叫吃的幸福。

外公見港仔喜歡，會分甘同味給吃一口他最愛的糯米卷。在包子皮下只包裹著糯米、花生和蝦米，簡樸中有一種成熟的好吃，小時侯怎會明白，是長大

後才懂得欣賞。後來出現了包臘腸、香菇、豬肉等材料的糯米卷二．〇，反而懷念記掛從前外公皇恩浩蕩下賞吃的那一口。

說點心，焉能少了台灣同學很愛的珍珠丸子？

港仔翻箱倒篋尋找記憶中，實在記不起曾嘗此味於小時侯，甚至長大後亦未曾在茶樓點心中見其蹤影。

致電吳大媽求救，她沒好氣回曰：「大陸的。」

難怪。

港仔口袋中倒是有一道以糯米鋪滿豬絞肉表面的香港菜式——糯米雪山蒸肉餅，是從youtube《職人吹水》頻道學回來的好菜。

材料有糯米、豬絞肉、生鹹蛋、薑米。

糯米先浸泡一晚上，瀝乾。豬絞肉中放入醬油、蠔油、糖、胡椒粉、太白粉和油，攪拌均勻並摔打至起膠。把處理好的絞肉放盤中堆成小山丘狀，外表鋪上糯米，鹹蛋黃放肉山頂端。大火蒸25～30分鐘至熟透。

這道菜不難，難在調味增減在遇上不同鹹度的鹹蛋白時，蒸煮時間亦受絞肉堆砌的厚度會有長短調節。

蒸好的糯米雪山蒸肉餅外觀好看，米粒如白雪，山頂的蛋黃是夕陽。入口更是讚。飽滿晶瑩的糯米口感軟綿，和絞肉的鮮嫩成對比，帶出層次，加上吸收調味和肉汁配上獨有的清香，好吃啊！

港式點心中還有一道糯米包。以燒賣皮包裹著生炒臘味糯米飯蒸製而成。是港仔兒時的愛吃之一。

至今，糯米包淡出香港點心界，但港仔對生炒臘味糯米飯之情歷久常新從不變，每年冬天上市總要吃。

來到台灣吃不到，只能自煮自炒。

你道如炒飯般容易？糯米由生米炒成熟飯少點時間不成事，一般至少要不斷翻炒30-45分鐘，中途多次加水讓米粒吸收，在糯米的黏性出來後，翻炒更是吃力用力，炒完一鍋二頭肌都跑出來了成壯男。

曾經煮了一盤宴請台友，眾人說好吃但更覺得不可思議於忙上句鐘只為一碗飯。或許因為時間成本高，台灣一直沒引進，要吃只能在香港。

幸好台灣同樣有很多糯米美食，像飯團肉粽糯米腸，都是民間常吃。還有米糕。從前愛去大橋頭老牌筒仔米糕，本已客人眾多，被米其林選上後，人更多，改去南門市場的曉迪，順便來吃一碗他們的滷肉飯，一舉兩得。有時又會跑去小南門市場買盒糯米藕。輕蘸點桂花糖漿，微甜又香，加上糯米和蓮藕的不同口感層次，就是好吃。港仔不愛甜，但偶然會想到她，很矛盾。

當然少不了油飯。三重有幾家都好吃，如阿田、太順或三重老牌油飯。畢竟遠在三重，這幾年想吃油飯會跑到龍山寺的阿萬來。分明的糯米，黏糯的口感，淡淡的麻油香，先吃原味，然後下點甜辣醬把味道提升，更是滋味。冬天早上太冷，再來一碗四神湯伴著吃，可以溫飽到下午甚至黃昏時。

想到有網友在某留言區貼文，說念小班的女兒早上帶著剛煮好的油飯回學校，被老師說早上吃油飯頭殼會壞掉。

不吃才會壞掉好不好。

笑死。

地址／台北市萬華區艋舺大道162-4號
電話／02-23360122
時間／06:00~14:30（週日公休）

那家害人的蚵仔麵線攤，樑子一結數十年

樂業麵線

台北市／大安區

從前很不明白麵線。

初遊台北於30年前，按著旅遊書推薦介紹跑去西門町吃那著名的麵線。攤前人頭湧湧可不是做假，肯定就是好吃人人愛。吃她，錯不了。

期盼著美味下吃上第一口，有點不對勁，然後學著其他客人般下點辣椒、蒜泥加點醋，味道好一點，但是太濃太稠的羹湯，太糊太爛的麵線，相對太韌太硬咬到腮幫子發痛都咬不開的大腸，肯定不合港仔的脾胃。

以為是當天剛好水準出問題，給她機會回去二度吃，味道如一水準不變。開始懷疑旅遊書推薦的原因為何？

後來出門多了見識過後才知道「旅客美食」這回事。

開設在旅遊熱門觀光地區帶或購物區的餐廳攤商會為別國旅人調節傳統食物的口味作遷就。太鹹的，變清淡。太辣嗎？辣椒下少點，加點糖也可以。務

求讓每位光顧客人不會怕，都能吃。正不正宗，道不道地，誰管他。

例子包括曼谷某老字號魚丸麵店，在Phrom Phong站那頭。網上評論一致好評，篇篇都說「太好吃了」，甚至入選米其林必比登推介美食。

被泰國當地網友評為味道普通，是過譽了，泰友推薦附近另一老店的表現更好更道地更貼近當地人的口味，甚至路上同樣水準或更高的麵攤亦很多，犯不著來排隊慢慢等。

這類餐廳香港同樣有。

其中一間把上世紀六、七十年代窮人恩物狗仔粉重現。分店開遍港九新界十八區，看似厲害，卻完全不是那回事。狗仔粉的名稱來源在於麵條型態短小頭尖尾尖如狗尾，這家店的則平面切斷不見尖銳失去神髓，口味上亦不如從前豬油香撲鼻，油渣下得少，味精反而多，害港仔吃兩口後差點味精過敏發作昏睡路旁。

最妙是這碗狗仔粉被媒體大力推，網上人人讚，明星都來吃，甚至成為車胎人的推薦街頭小吃店，吸引不少遊客慕名要來吃。本以為是港仔記憶出問題，幸好年紀相若食友的評價和港仔如出一轍，不然還以為老人癡呆提早來訪。

在商言商沒有錯，不喜歡，不吃就是了。

但是這樣的口味改變，相同於扭曲傳統文化，吃不吃事小，傳播錯誤觀念

給旅客事大。

如港仔，自從經歷西門町那家麵線後，從此來者必拒，不想再吃。麵線迷台友知悉問明原委語重心長的勸道：「給自己一個機會吧！」此語一出如泰山壓頂，有點壓力，實在是言重了。只好不情不願的跟著他為改變港仔對麵線觀感的餐廳拜訪。著實比當今仍紅遍西門町那家好吃多，但依然沒有被驚艷到會愛上迷戀。因為總有不喜歡的點。這家的湯頭很味精，那家麵線口感太軟糊。甚至在網上有接近二千個評論，得分4.5的名店，網友紛紛留言評說大腸入味好吃，但因為太入味變成搶味，太突出而味道失衡。

可能會覺得港仔太踐，其實大可人云亦云說好吃，但更想忠於自己的口味去判斷。

本以為和麵線此生無緣，早有「算了吧」的覺悟，卻被帶到樂業麵線來。他們的麵線口味平衡，麵條微帶彈性，蚵仔大顆又飽滿，腸子軟韌適中味道動人，還有醃過的肉丁，不介意湯頭沒有柴魚香，卻味甜回甘，是真正的料多實在又好吃。

如果當年首吃在樂業，樑子不會一結數十年，幸好現在解開了，港仔願意多吃多嘗試，看看市面上會否遇到更好的再來和同學們分享。

地址／台北市大安區樂業街136號
電話／0983-625383
時間／09:00~19:00（週日公休）

包餃子和吃餃子

松山市場水餃

台北市／松山區

早前把自包水餃圖放到粉絲專頁，包得像模像樣令同學一眾紛表驚訝，以為港仔在港早有包餃經驗，答案是來台後才學會。

香港的水餃有別於台灣，稱為鳳城水餃。起源有二說，有表示無從蹊考的，亦有人認為來自順德鳳城，當地河流特別多，盛產河蝦，味道鮮美，是製作水餃的主要材料之一，說來有板有眼，有種八九不離十的可信性。

傳統鳳城水餃的餡料只有蝦、豬肉、筍和木耳，採用和港式雲吞相近的麵皮。她的好吃，在於纖薄外皮下，四種材料各自的味道混和出不同的口感，配合大地魚、豬骨、蝦殼等熬煮的湯頭，吃前灑下一抹韭黃添香加色，令水餃更有活力的呈現，是香港人常說的「皮薄餡靚」，不僅是當年順德的傳統小吃，亦是香港傳統喜宴常會出現的壓軸菜式，名氣不如港式餛飩，但地位同樣重要。

台式水餃香港同樣有，統一以餃子稱之，偏向北方麵點類。從前餐廳會多提供一碗高湯配著吃，近年因為成本考量早已消失無影蹤。

港仔一家愛吃港式水餃餛飩類，吳大媽曾為此應徵灣仔碼頭當包餃員，上班為名學習製作為實，練就一手包餃技巧，港仔經她傳授亦懂得作餡自包。一理通，百理同。來台後港仔開始包起台灣水餃來。

餡料準備很簡單，材料主角是豬肉、蔬菜和餃皮，配菜則有薑末、蔥花和蛋清，以醬油、香油、胡椒粉和預先泡製的薑蔥水作調味。先把材料加入調味後順一方向攪拌至帶黏性，加入切好的蔬菜，繼續按同一方向攪拌均勻，餡料部分便完成。

餃子和餛飩最大的不一樣在於包製，學不會如何包出皺褶呈現美感，也起碼要包出一個元寶狀，還要知道怎樣包入空氣，讓水餃咬開時香氣竄出撲鼻，更添食慾。

煮亦有技巧。

傳統煮法以加三次冷水的方式作煮食指標，但是偏偏學來學去學不會，不是肉餡未熟就是煮糊了。後來在網上學會了一招一鍋滾水煮到底，水滾下餃子，水再滾起時關中小火，待得餃子浮起來，再以大火煮到餃子膨脹便能起鍋。這樣煮的餃子熟度剛好，絕少失敗。

又會在水中下香油和鹽巴，前者讓水餃不會沾黏一起，後者則令餃子不沾

醬汁也帶味，同時減少餃皮水分吸收過多變糊變爛。

其中一位台友吃過港仔的水餃後給出如下評價：

「水餃之好吃，在於一咬開肉餡散一嘴巴，視為最高境界。」

當時港仔來台未幾，正值尋覓和確定台灣口味之際。收到這樣的評語，少不免翻經查典想要知更多。

根據老北京的說法，蛋清的加入，是為了加強滑嫩口感，也能讓絞肉團起來，就是增加黏性了；順一方向攪拌，同樣是為了增加凝膠作用，所以怎會出現入口即散的道理？

其他朋友知道後笑著告知：「他愛裝老饕，其實什麼都不懂。」

真相大白，難免有「白忙了」之嘆，但同時感激他讓港仔知更多。

包餃子不難，但保存麻煩。包好直接冷

凍，餃子會互相緊貼不分你我黏成一坨。唯一方法是把餃子排列盤子上，餃子之間保留空間，放進冷凍庫至變硬後取出，撒點麵粉才能放入封口保鮮袋中冷凍保存。

一般家庭冰箱冷凍庫空間有限，港仔不例外，要完成第一次冷凍已是問題。所以平常只會在冬天茼蒿上市來包個兩、三次，畢竟茼蒿水餃市面難求。為吃這一味，只能自己動手來解饞。

其他時間多在外吃或買冷凍的放家中。

台北眾多水餃店攤，港仔多年至今依然鍾情松山市場內的無名水餃攤。

他們的水餃皮帶勁，餡飽滿，可以吃到皮香、肉鮮和高麗菜的甜和脆，搭配桌上的生蒜更是過癮，香港沒有這種吃法，是來台灣才學會，甚至學懂了水餃加湯的來一套，有時是酸辣湯，有時是魚丸湯，邊吃邊看著店家賣力煮餃與包餃，是好吃以外的樂趣。

前一陣子和《Traveler Luxe旅人誌》雜誌的編輯小姐Sherry聊到松山這一攤，她立即推薦松江路上的祥哥水餃。

「你應該會愛。」她說。

愛不愛還不知道，品味過後再來和大家做報告。

地址／台北市松山區八德路四段679號(松山市場)
電話／02-27613161
時間／11:30~14:00，16:30~19:30 (週日公休)

沒有永恆的不變

涼粉伯

台北市／萬華區

多年前朋友領著港仔去吃萬華某寺廟前吃涼粉伯。

涼粉，香港也有。

以為是同名同姓的同款傳統甜吃，結果卻出乎港仔意料外，完全兩回事。

香港的涼粉反而和台灣的仙草血脈相連，使用相同的原材料，香港稱之為涼粉草，台灣則以仙草名之。

製作方式大同小異，但因為加入的食材不盡相同，讓兩者在口感上帶來了分野。

涼粉使用粘米粉和粟粉，滑嫩中帶彈性。

仙草的暗帶韌勁，則是加入木薯粉使然。

食用時節亦有別。台灣仙草有冷有熱，橫跨一年四季十二個月，香港的涼粉是消暑聖品，屬於夏天的食物。

從前在外婆家度暑假，一週起碼吃兩次。

吃法簡單，把切成小丁的涼粉加入砂糖，攪拌均勻便能食用。

外婆愛涼粉，更愛甜。每次砂糖下個三、四湯匙還嫌不夠要再加，令本來清熱去溼的涼粉，吃完都要患上糖尿病。

外婆愛甜的誇張，據她所言來自小時侯遇戰爭難得吃到糖，所以瘋狂想要補回來於和平後，於是愈吃愈甜。

港仔怕甜可能是從那時開始，更差點誤會了涼粉，以為一定要甜到吐才叫好吃。

後來跟著同學跑到學校旁邊巴士總站的小吃街，發現冰品小攤賣的涼粉很不一樣，加點冰塊，下點糖水，最後倒入奶水，冰涼滑溜，不會死甜，是另一個世界。而且吃法多變，可以用橙汁取代糖水，或是加入鳳梨等罐頭水果，變化成別的口味，讓港仔重新認識涼粉並愛上她。

至於甜，這幾年才比較懂得欣賞，開始可以吃，但太甜仍是受不了。

涼粉伯的涼粉非港式涼粉。沒有黑得發亮的外表，是略呈透明的小糕，經冰鎮，裹上一層薄薄的麵茶，軟嫩帶香，放進口中，不用咀嚼，舌頭稍挑撥，會慢慢化開口腔中。沁涼爽口又消暑，討人歡喜。

當年涼粉伯的唯一缺點是稍甜。

朋友說涼粉製作簡單沒難度，鼓勵港仔動手做個微甜版。特別幫忙找來食譜，讓港仔按照步驟ＡＢＣ，依法處理。首次成品，外表過關，但略嫌口感只軟不Ｑ，少了彈性，算是失敗。

重新把食譜中水和粉的量調整，第二次終於成功。

因為好玩，後來又自學紅豆涼粉。吳大媽吃過後提議，外婆慶生時來做一份代替生日蛋糕來逗老人家開心。

為此，再度調整食譜，提高甜度來配合外婆的脾胃。

至今仍清晰記得當時外婆邊吃邊說「好吃」，笑得眼睛瞇起來，明明已很飽，還是吃了兩大件。

家中眾人看她吃得開心，一直在旁助慶勸食，但怕太甜，沒有人敢陪吃。

多年之後，外婆說起當天的紅豆涼粉，仍是笑開懷。只是當今已不再嗜甜，謝絕所有甜食。

有這樣的轉變，來自前幾年患上三叉神經痛。每次發作如雷劈，痛不欲生。後來她說每每吃完甜便會犯病，縱然醫生表示應該不會有影響，也許是心理作用。但外婆怕痛，打針也會哭，覺得甜就是根源，甘願戒掉甜食也不想被痛苦折磨。

即便後來通過手術根治了，外婆對甜已完全放棄，生怕一吃會復發。

家人對她戒甜無異議，起碼對健康更好。

從此，甜，成為了她回憶中的味道。

沒有永恒的不變，不管人或事，外婆如是，涼粉伯亦然。

從初訪的廟前路邊小攤推車販賣到當今店面經營，當今生意接力棒已由老伯伯交到女兒手中，連涼粉的甜度也經調節以微甜呈現，口味更見清爽，讓港仔不用再動手自製，想吃可以直接去找涼粉伯。

地址／台北市萬華區貴陽街二段202號
時間／10:00~16:00（週一公休）

從魚漿說起

91巷甜不辣

台北市／萬華區

跑到萬華吃91巷甜不辣。

邊吃邊和老闆聊起來。

「香港魚漿食品好像不多。」老闆說。

此言差矣。

香港魚漿類美食多的是，是港仔吸收魚肉營養的主要途徑。從小怕吃魚，不因多刺少刺，而是怕了魚肉腥。特別受不了淡水魚的泥土味濃，像鯧魚、鯪魚、草魚，不管是以薑蔥增香，或是以蒜頭豆豉蒸之，吃進口中都有奇怪味道，偏是吳大媽的最愛，有時煮魚後會殘留餘味在廚房，曾經因為味道濃重反胃嘔吐，真人真事不騙你。

不要以為海水魚會好一點，同樣要精挑細選才入口。像金線魚或大眼鯛是比較大眾化的選項港仔脾胃亦能接受，不然就是石斑或是日式生魚片。

吳大媽因此常戲謔說是「乞丐長了一個王子胃」，港仔無語難否認。

在家吃飯，家人知道飲食習慣不會刻意勉強。外出用餐或遇著宴會時，每到魚料理一項真是要了港仔的老命。吳家自小教育餐桌上每味都要吃過才是尊重和禮貌，只能硬著頭皮淺嚐即止用吞的來吃上一兩口，然後喝水灌湯把味道沖淡。

最奇怪是對魚的敏感沒有出現在魚漿食品上，可以吃得開懷吃得鮮甜，甚至吃出心得。

香港的魚漿食物分為製成品和現製品。

像街頭美食咖哩魚蛋或麵店的魚蛋麵和炸魚片都屬製成品一類。

還有港仔很喜歡的潮汕魚麵。

以為是用魚下麵？錯錯錯。是用魚絞肉製作而成的麵條，既可製作湯麵，亦能炒之。

好吃的魚麵有魚肉香，亦含麵條的彈性，吃起來很過癮。多年前在佐敦曾經有一家魚麵餐廳港仔常吃，不僅提供內用，還可以買回生魚麵在家自煮理。倒店後，想吃只能去潮州餐館。九龍城新城潮州飯店的炒魚麵做得很不錯，加點辣油，港仔能完食一盤於數分鐘。

現製品顧名思義是用魚漿現點現製的食品，豐儉由人。

簡單如生菜魚肉湯，攤販在客人面前把魚漿用刀刮成條狀放到熱湯中煮

熟，加入生菜，下點香油，簡單味鮮的一碗，是香港傳統街頭小吃之一，伴著港人成長數十年，是不少人的心頭愛，移民國外吃不到，都會按網上食譜在家自煮自製來解饞。

又有一味來自順德的傳統宴客菜式——蜆蚧鯪魚球。以鯪魚製作的魚漿，打成外型如乒乓球大小圓球狀再下油鍋炸得金黃，香酥的外表，充滿彈性的魚肉，沾點鹹香的蜆蚧醬同吃，鮮味更是活靈活現嘴巴中。別人吃得香，港仔和鯪魚八字不合，敬謝不敏，不會爭吃，同學請便。

倒不如吃煎釀三寶中的炸魚蛋。

傳統三寶以魚漿釀入豆腐、茄子和辣椒，後來發展至直接製成魚蛋，同樣充滿彈性同樣香，港仔之大愛。食譜上寫著使用鯪魚來製作，但鯪魚漿呈灰色，和香港攤販販賣的粉白顏色不一樣，重點是沒有泥腥土臭。有些店家又會加入蔥花、洋蔥來提香添味，連港仔都能順利吃出鮮香美味，同學們應該也會愛。

反而台灣魚漿製品比較多是魚蛋、魚板等火鍋料食材。火鍋不會常吃，不如甜不辣。

吃甜不辣，港仔愛彈性，喜味鮮，末了來一碗醬汁熱湯，口味和看倌同學差不多。

從前愛去東門甜不辣，後來戀上後山碑的阿來。經家住萬華的朋友介紹摸到91巷來。吃過後，喜歡老闆精挑細選的傳統食材，還有別家沒有的九層塔花枝丸和貢丸，配上以赤味噌自調的醬汁和自製辣油充滿誠意，味道香度鮮濃滿足，吃著覺得好，辨識道很高。

91巷甜不辣開店沒幾年，水準不輸古早名店老字號。遠道來吃一碗，不管時間車程，還是很值得。

地址／台北市萬華區大理街91巷5號
電話／0936-347954
時間／11:00~19:00（週日公休）

航情麵線總店

「騷嗎？」「好騷啊！」

台北市／內湖區

特別想念香港在冬天來臨時，為了一鍋好吃羊腩煲。人在台灣明明就有羊肉爐，偏要吃香港的，不就是自找苦吃來犯賤？同學不了解，都是羊，口味就是不一樣。

落差在於羶。

先說用詞上，香港人不說「羶」，以「騷」字來替代。我們覺得羶是香。雖然在處理時同樣會用乾鍋煎皮、熱水汆燙、下酒下薑去掉過重的氣味，餘下的羶味會保留，經過燜煮，把香氣鎖在肉塊中。上桌時一陣羊味飄來口水流，先吃的常會被問「騷嗎？」回答一句「好騷啊！」正好表達羊肉的羶香正點，是對羊肉最高規格的讚嘆。

反之台灣人怕羶說腥，除了用相同手法除「異味」，還會在燉煮肉塊時施以當歸、川芎等中藥材把味道壓下來。但是對大部份港人來說，羊肉爐少了羶香少了騷，就如中秋沒有月亮般欠缺靈魂，吃得滿口不是味兒，如果這時還有人說：「羶味太重了吧！」港仔的白眼肯定翻到出國比賽拿獎杯。

「沒有羶味？不如吃牛肉。」港友打趣道。

其實羶香羶腥，沒有對錯，只在乎於愛與不愛。剛好港仔就是愛，愛得在飯友中有羊癡之名，只要菜單上有羊這一項，一定不會錯過。

羊癡養成非一日，從前也是怕羶腥的小朋友。當年吳爸會自煮羊腩煲於秋冬時，每當家中飄著羊味濃，表示當天飯餐只有這一味。按吳家「多不愛都要吃」的用餐規則，只好硬生生的把羊肉塊吞下去。

所以完全明白抗拒這味道還要吃進口中的惡感，只好沮喪接受少了這肉香的台灣生活，雖然偶爾仍會為此翻白眼。

說接受，不代表放棄。按港仔執著的脾性，尋找不會停。覓了多時，吃了多間，最後只有後車頭蔡記崗山羊肉店能舒稍緩港仔當羊癮發作時。

他們的羊騷淡淡的，不濃重，卻因為可以吃到羊蹄和肚絲，還有混合了羊油的乾麵線，都是香港吃不到的羊料理，算是慰藉。

可惜老闆決定告老於開店多年後，欣喜他的人生有了新發展，卻開始了港仔的好景不常時，更諷刺是收山關燈定在二〇二二年三月三十一日，正好是港仔的生日……

本以為從此只能回歸家中自煎羊排來解饞，卻得來全不費功夫的發現航情

航情
蚵仔麵線
羊肉麵線

在菜市場買菜時。當日行經店前飄來羊肉香，錯不了，正是朝思暮想的那味道。誘惑港仔菜也不買先來吃。

點來一碗羊肉麵線，勘稱是招牌。

沒有過分濃稠的湯頭，不會糊爛的手工麵線，還有騷香的羊肉片，吃一口，已愛上。誰會想到羊肉和麵線竟然登對？都要結婚了。因為這樣的一碗，發現台灣原來還是有人懂得羶香好，雖然不是每桌都會來一碗，但是看到不少客人為了羊肉來光顧，頓時為有同路人而興奮激動。

羊肉外，航情同時供應油麵、板條、米苔目，亦有不同款式黑白切，全是水準以上的好吃，即便不愛羊的來到航情不怕會餓著。

香港朋友知道終找到好吃羊肉店於台北，看過照片後紛紛說想嚐想吃。但總有愛說嘴的人。

「還是帶皮羊肉比較強。」

覓得騷味濃羊已要感恩，還想奢求要帶皮？而且航情不限時節四季營業供應，想時吃都能吃。

心滿意足矣。不貪心。

地址／台北市內湖區東湖路106巷32號
電話／02-26306276
時間／Wed-Fri 06:30~13:30，
Sat-Sun 06:00~14:00

令人高興的麵在味道在

兄弟麵館

台北市／中山區

有說兄弟麵館是由一對兄弟在經營，故此得名。對，也不對。

當今的兄弟麵館確實是交托到朱氏兄弟二人在打理，但創店者為二人父親朱家誠先生，因為曾以「兄弟」為店名販售檳榔，後來改賣麵，因利成便的順手拈來，成就一賣三十多年傳承兩代的兄弟麵館，台北從此多添一家老字號。

以上並非網上聽聞或是港仔在亂掰，實情是當年曾和原祖老闆朱先生有數面之緣，絕對是一手資料。

港仔已移居美國的台灣友人，當年在實踐大學念書，一直力推學校附近的麵店，強調麵條厲害，口味獨家多元化，老闆更是不得了的愛罵。麵吃不完，罵，客人催促，會不客氣地請回。卻愈罵愈受學生們愛戴歡迎。

罵人總有原因。因為知道上門的多是學生客人，朱老闆怕他們吃不飽，會免費加麵，吃多少，只要說，都會不多收費煮給你吃，吃不完，剩下了，浪費掉，活該要被罵。因為老闆對自己的出品有要求，採現點現煮，碰上客人多，想吃，等一下吧。正在忙時去催餐，不是找死嗎？

「同學都把他當偶像來崇拜。」朋友說。

因為傳聞聽多了，港仔首次到訪，仍是必恭必敬的小心翼翼。忘記當時是在點餐或是在和朋友聊天，朱先生聽到港仔帶口音的蹩腳中文，問道：「香港人？」

「是的。」不敢怠慢，趕快回答。

一句即止，朱先生繼續忙他的，倒是港仔已被嚇出一身汗。

同樣嚇到港仔的還有他們的麵。

當時點的是荊芥蝦油麵，麵條的滑順Q彈，有別於一般麵的口感，搭配荊芥葉和自製蝦油，一個清新，一個濃香，吃著很過癮。

後來才知道這麵條叫作西塔麵，是祖籍山東朱老闆的家鄉味。他為做出好麵煮出口感，遠道走訪中國東北學習，回台後，經改良二十多次，終於製作出適合台灣市場的西塔麵。

因為喜歡這個麵，後來又和朋友去吃了兩、三次，每次更換不同口味，每次都令港仔驚艷於朱先生把不同食材混合烹調的手法高明。如結合鹹鴨蛋和絞

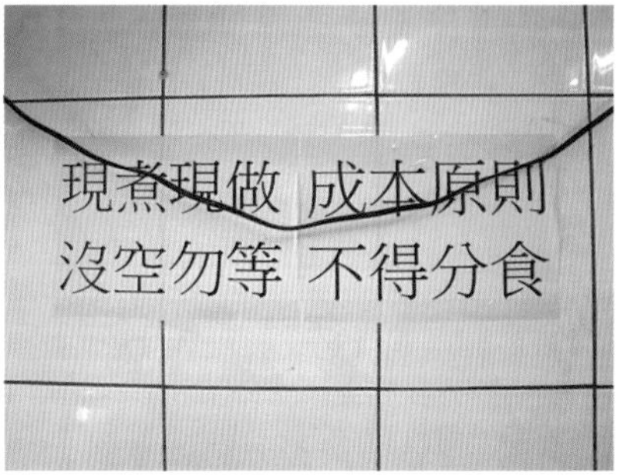

肉炒成的蛋醬搭配雞肉的雞蓉蛋醬麵，或是味道鹹香又冰涼的西塔冷麵，都是獨一無二你從未吃過的好滋味。

吃以外，眼見耳聞，朱先生從來不是傳聞中的不苟言笑，也沒有真的兇巴巴，偶有和老闆娘拌嘴，但更多是他和客人言談交流，遇上熟客，會多了個侃，基本上氣氛輕鬆。

這樣的好店實該多拜訪，但本來客人已很多，在媒體曝光後更多，特別是經《大學生了沒》的介紹後人龍更長。港仔不喜排隊，加上朋友畢業，已有多年沒有踏足兄弟麵館。

早前好友回台，相約再來吃兄弟。

地址沒變，招牌還是那一個，牆上標語「現點現做，沒空勿等」仍在，還有菜單都是從前那模樣，但朱先生早已退休消失麵館中，由兩位公子接棒經營。

朱家兄弟的麵條盡得父就真傳，依舊好吃，西塔冷麵和荊芥蝦油麵依然有水準，記得從前還有羊肉麵，但可能是嚴夏，當天沒有供應。

後來我們多點了一客不在菜單中的老北京炸醬

麵拌極品辣乾麵，京式炸醬的濃甜，在咀嚼間會竄出XO醬的辣和乾貝的鮮香，充滿層次，有別於一般雙醬麵。不確定這一碗是否全新創作，但口味手法很有朱先生的風範。

正在滿足於兄弟帶來的味蕾快感，冷不防明明也讚好的朋友竟然嘆謂：「老闆不在，今非昔比啊！」難得地展現出感性。

對於這種吃的痛，這幾年港人感受深。

那一個錯誤的政策，令民眾分裂，在各有立場下，不管多好吃的店，和老闆店員交情從前有多深，原則問題，都成了拒絕往來戶，是個人選擇，怨不得人。可惜是同路人開設的全新餐廳，在被打壓下艱苦經營，才剛做出成績，一個可恨的疫情，多次無情封城，即便大家如何幫忙大力宣傳，努力去吃，都敵不過關門的厄運。

如果在港，肯定會多吃幾次於結業前，把那份美味、那些人和物都好好收進回憶中。可惜疫情期間一直留台，只能在社交媒體上看著他們一間接一間的倒下，無能為力。

是以後吃不到的無奈，也是未能親自告別的唏噓。

相對於兄弟麵館的小轉變，沒有人面全非，也並非所言的今非昔比，店在味道在，應該為朱先生的手藝接班有人而安慰，是一次完美的美食傳承，是要高興的。

地址／台北市中山區大直街46巷29號
電話／02-25337543
時間／01:00~14:00，17:00~20:00（週日公休）

不是為了大名鼎鼎的筒仔米糕

曉迪筒仔米糕

台北市／中正區

和朋友相約南機場夜市吃曉迪。

友人為筒仔米糕而去，港仔則目標明確指定要吃他們的滷肉飯。

是他們的米糕不好嗎？

非也。他們的米糕有滷蛋、肉塊、香菇、蝦米材料豐富，而且糯米飯煮得毫不含糊卻又濕軟黏糯，配上店方自製的醬汁鹹中帶甜的恰到好處，又香又好吃，難怪是招牌，走紅有理。

只是港仔更愛滷肉飯。

曉迪的滷肉飯名氣不如米糕響亮但水準同

樣高。他們的滷汁烏黑油亮，甘醇中帶醬油香，手切滷肉肥比瘦多卻肥而不膩，放進口中，舌頭稍加挑撥，化作油脂，包裹著分明的米飯，順滑好吃，叫人一口接一口，難怪有人用魔性來形容。港仔愛以芋頭排骨酥湯配著吃，想豐富點會多加一塊腔肉或來一客豬腳，但重點是不能沒有滷肉飯。

朋友大惑不惑為何會對滷肉飯如此愛？

其實當年也曾嫌棄此飯要煮太麻煩。

在開始寫作旅遊書之初，曾應香港星島出版社之邀寫下《台北夜遊》一書於二〇〇四年。

當時找來台灣朋友為書中單元煮滷肉飯，她非厲害廚娘，唯獨擅長燉煮一鍋好滷肉，全拜當年留學加拿大所賜，每回煮來一鍋解鄉愁於想家時，功多自然藝熟，成就了她人生One and the Only One的最拿手。

當晚拍攝由晚上八時開始，一直弄到凌晨一點多才結束，但食譜明明寫著烹調時間只需兩小時…

筋疲力盡下不禁替海外台灣人為嚐一口家鄉味叫苦，同時慶幸香港人的國民飯食是簡單的餐肉蛋飯，只要把煎好的午餐肉和荷包蛋鋪在白飯上，淋上醬油，數分鐘便能完成，又能因地制宜，把午餐肉換成火腿或熱狗，即便被評為沒營養，沒深度，卻是最道地的正宗港味。

在台待久了，港仔成了半個台灣仔，偶爾長期留港或到外地工作時，會如

台灣人般想念滷肉飯。畢竟外地的台菜餐廳道地與否難保證，香港亦不例外。為免吃到假台菜，只能自煮，不能求人。

要煮出這碗國民好飯著實難，單是食材選擇和處理已叫人頭大。肉的肥瘦、切丁或切絲，都能影響口感和膠質的呈現。火喉、時間上亦要小心掌控才能燉出醬香、油脂又不死鹹。米飯同樣不能忽視，既不能太軟綿，也不可以太粗硬，粒粒分明中要帶點濕度才能襯托出滷肉的百般好，於是選擇白米成為關鍵之一。甚至保存也有學問，曾經因為在鍋中保溫過度令滷汁變得太濃太鹹，最後不得已倒掉一整鍋。

終於感受到台灣遊子為何麻煩亦要煮，因為從切肉、炒香到燉煮的每個步驟都是思念的滋味，即便燜煮需時，但是多一秒的等待守候，就是多一秒的心靈慰藉。

因為會煮，更懂得欣賞，所以每逢遇到好吃的滷肉飯都不會錯過，必吃無疑。

甚至覺得，不管是手切、帶皮、肥的、瘦的、甜的、辣的、重膠質或是配醃瓜酸菜，只要能吃到這一碗，已是小確幸，是要感恩的。

地址／台北市中正區中華路二段307巷
電話／0935-287168
時間／11:30~22:30

怎樣都比泡麵強

樺林乾麵

台北市／中正區

愛吃福州乾麵。

林家的好吃，中華也不錯，但最愛是樺林。原因說不上來，就是很喜歡，每次想吃都會跑到樺林去。

香港飯友覺得港仔蠢，幹嘛付錢買吃卻要自己來調味？難怪別稱傻瓜麵。

聽後但笑不語，飯友對港仔沒有很了解。

為吃調出自己喜愛的口味怎會是犯禁？和吃麵食要下辣油或醬油的分別在哪裡？

反而覺得這樣吃很好玩，猶如早年一度流行的蒙古烤肉，在選好食材後，再親自搭配不同醬料味料。朋友很多是愛吃但不會煮之輩，在調味時太貪心，這樣來一匙，那個下一勺，味道濃重口味怪，吃不下去一直抱怨白花錢。港仔則喜歡按不同食材使用不一樣的配味搭配，到端上桌時作成果檢驗。有時會過

鹹，不對味，但更多是味道不錯好吃受讚賞。

其實樺林的乾麵上桌時已配有調味基底，豬油的香味，微鹹的口味，攪拌均勻，巴在瀝乾的麵條上，呈現出一種單純的好味，雅淡卻不清淡，很迷人。每回會先嚐原味，再加入烏醋、醬油、辣油和辣渣，有時又會為乾麵額外多點

個蛋包或干絲，不然來客小魚干加上綜合湯，讓簡單一餐變得豐盛。

因為喜愛這個麵，一直痛恨怎麼沒有從福州傳到香港來。後來拜讀了陳靜宜小姐的《臺味，原來如此》一書，她用文字寫下跑到福州尋找傻瓜乾麵的紀錄。

當地內行人告訴她：「福州不僅有乾麵，還有三款。」分別是拌麵、拌麵扁肉、拌粉乾。前兩者在調味上加入了花生醬，口味有點不一樣，最後的拌粉乾味道對了，卻從麵條換成粗米粉。

到底是時日改變了福州乾麵的文化？還是當地人移居台灣後對家鄉麵食作出調整改動？

港仔非歷史學家，難以解答。但是對於這個麵點沒有從福州傳到香港的意難平，發現就算當年有來港，也非當今港仔鍾情在台灣吃到的傻瓜麵，從此意平了。

有時又會想，應該請阿基師或詹姆士來個電視教學，令更多非台人士都能受惠得益在家自己煮，如港飯友不懂煮之流，肯定是公德。

為何選他倆？

一直佩服他們的廚藝，曾經為了他們每晚準時收看《型男大主廚》長達數年之久。

特別是阿基師，人不高，但煮菜有功架，特別在「五分鐘出好菜」環節中，按著步驟有條不紊一二三，再來個切菜調味快狠準，或是「八分鐘兩道菜」的左右開弓兩款菜式同時煮，中間還不忘解說和奉上小撇步，從容下廚，快速上菜，超帥氣。

阿基師唸的是食品科學，在烹煮過程常會說到當中理論，材料加入的次序、溫度高低對食材本質的影響、這個加那個會出現的問題，很學術，但經他說來充滿邏輯性，令港仔神往曾一度想要來報讀學習。

相對於阿基師，詹姆士的厲害在於更家常，更簡單，中西日菜式包羅萬有。他不會吝嗇經驗分享，亦會把家中常煮常吃放到節目中公開，看著他邊煮邊說，會聯想到漫畫《深夜食堂》的老闆，在餐點製作時，同時會和客人聊天哈啦，是職人，但感覺更像朋友。

兩位廚師在烹飪界的高層次，卻同時犯了男人低級錯，各自有外遇，多年積下來的好名聲一桿清台。

感情事和家庭事都是私事，不代表他們煮得不好出問題，技巧依舊，權威仍在。

由他們二人記下的傻瓜麵食譜，讓不懂的人都可以簡單煮出好味道，喜愛自己調味的，可按他們的指導作基礎，再自行作味道調整，成就一碗更個人的傻瓜麵。

怎樣都比吃泡麵強。

地址／台北市中正區中華路一段91巷15號
電話／02-23316371
時間／07:30~19:00（週六、日公休）

愛湯人的喝湯心德

原汁排骨湯 和平本舖

台北市／萬華區

有時會下廚宴客招待朋友，菜單上必備香港湯，是眾飯友指名必定要吃。台灣人很好奇香港人的老火湯，總以為要下一堆藥材去熬去燉煮，才會達至滋潤補身的食療功效，更常會誤以為口味定當燥辛藥味濃。吃過港仔煮的湯後，都會驚訝於藥材使用不多，味道溫順，雖濃郁，但好喝。更感港湯的神奇。

於是出現另一個誤會：「香港人都很會煮湯。」港仔姐姐就是不會的那一位。

吳大姐很會唸書，是學霸，所以不用幫忙家事，頂多飯前擺一下碗筷，飯後收一下碗盤，連洗碗也不用，時間全都留給學習。她自小讀書厲害理論多，但對烹調知識近乎零，煎個雞蛋也會焦，唯一會煮是泡麵。

「要是這個世界只剩下你姐一人肯定會餓死。」吳大媽常說。

作為學渣的港仔剛好相反，為了不唸書，藉口讓大人安心上班扛起家中家務事於踏入中學時。打掃清潔、洗衣澆花外，還要買菜煮晚餐。憑著從前一直有隨吳大媽上菜市場和在廚房幫忙的底子，照著步驟一二三去煮，開啟了對烹飪的興趣，亦是這時對老火湯有更深的認識。

眾多菜式中，煮湯算容易，把所有處理好的材料丟到鍋中以文火熬煮，時間一到，下鹽調味，便能成湯，可以食用。

難，在於材料要按時令更改搭配。

春天祛溼，來吃粉葛赤小豆瘦肉湯；為消暑，煮一鍋薏仁冬瓜老鴨湯，或是鹹魚頭豆腐湯下火也不錯；秋天乾燥喝一碗蘋果海底椰豬肉湯來滋潤；來到深冬少不了椰子雞湯。

看似複雜的左配右搭，習慣後，不會難。

朋友愛湯，看港仔煮得輕鬆，在家學著自己煮。一鍋雞湯煮出一鍋雞油，肥膩混沌。致電查詢問原因。

問題明顯是雞肉下湯鍋前少了汆燙這步驟，必須要把血水先煮出來，湯才清晰。港仔家人不愛雞皮，會把皮去掉，這樣煮出來的湯肯定不會附加一寸明亮雞油飄浮在表面。

朋友因此稱港仔為湯博士，煮湯遇有疑問都會來請教。

博士又如何？在台灣無用武之地。

台港畢竟有別，香港隨手買到的煮湯食材，台灣難求難求好難求。粉葛買不到，鹹魚頭也沒有。尋常茶餐廳例湯中的綠蘿蔔和西洋菜非台灣人的常吃，要特別找菜商訂購，價錢不便宜，但香度味道稍遜，好吃不起來。

同學可能會覺得港仔真的很Drama，明明台灣也有湯。

記得曾經吃過幾次苦瓜排骨湯和金針香菇雞湯在初來台灣時，對湯頭味道清淡印象深，朋友解釋說吃原味已夠味。

為此曾在書店翻查多本食譜書，明明寫著「鹽巴調味」，原味之說哪裡來？味道太淡又是什麼一回事？是店家問題？或是味蕾剛好失靈？港仔沒有繼續深究往下挖，有時太認真真的會累，放過自己直接把責任丟給朋友，堅持是他亂說不就好？從此把喝湯這回事留待回港時。

疫情期間一直留台。畢竟是個愛湯人，自煮沒材料，外吃不對味，有時會覺得少了湯水滋潤人會「縮」起來，像是鮮花缺水會枯萎。

後來真的受不了，剛好人在東門市場艋舺原汁排骨湯店前經過，被骨頭香氣吸引內進吃一碗。大骨、豬肉和菜頭的鮮甜全面在熱湯中呈現，最難得是調味正常，不會清淡，是真的好吃。

回家後在網上尋找，摸到萬華的原汁排骨湯和平本舖去。他們的排骨湯清甜香濃，排骨一大塊，燉煮透徹，同樣好吃。別桌客人都會搭配一碗古早味高麗菜飯，港仔喝湯已足夠。

一口原汁排骨湯令港仔對台灣湯品改觀，決定找天再次挑戰苦瓜排骨湯，說不定會吃出驚喜來。至於金針香菇雞湯，有點油，還是先不要。

地址／台北市萬華區和平西路三段174-3號
電話／0968-738382
時間／11:00~20:00

COLUMN 2

終於弄懂了，總比不懂好

搞不懂的食物很多在初來台時，包括台灣的冰品。

配料中加入芒果、鳳梨、草莓比較簡單，和香港的菠蘿冰差不多，能以水果冰視之，全球通行人人愛，無異議。

即使是紅豆、綠豆、大豆、花生、芋頭都很好理解。

問題出在椰果、蒟蒻、粉圓、芋圓、地瓜圓、湯圓上，全屬口感Q彈科，放在一起，混在口中，吃得腮幫子發痛仍在咀嚼中。

不禁問道：「是在比彈性嗎？」

或許因為港仔對粉圓沒有愛，初嚐珍珠奶茶時沒有一吃鍾情，後來多吃也沒有培養出愛意，於是對同科同系的食物產品起了抗拒心。

說是從前不懂，顯見後來弄明白。轉折點在吃過阿柑姨芋圓後於旅遊九份時。

本以為也是差不多貨色，卻吃出和以前不一樣的好滋味。芋圓鮮明的芋香，還帶芋仔，地瓜圓同樣吃到食材本身的芳香和纖維質感，是絕對的真材實料，好吃得港仔入手一份生圓外帶回家自煮接力品嘗。

那時方才明白以前吃到都是粉比材料多的便宜劣製品，難怪口感如塑膠。不討喜，自然不會愛，卻差點誤會了芋圓和地瓜圓，錯過了好吃。

因了解下的Fall in Love，港仔開始在台北尋找好吃的雙圓。

會摸到長安西路建成市場的阿斌芋圓來，完全因為阿斌的芋圓和地瓜圓是來自九份另一名店賴阿婆的手工品。雖然香度稍遜，卻以口感取勝，品質仍是比一般店家的水準高，搭配阿斌以加拿

阿斌芋圓
地址／台北市大同區長安西路220巷5號
電話／02-25556079
時間／10:00~16:00（週日公休）

阿爸の芋圓

地址／新北市永和區保平路一段18弄1號
電話／02-29247461　時間／14:30~23:00

愛來愛玉

地址／台北市南港區南港路一段92號　電話／0911-000328
時間／Mon-Fri 12:00~20:00，Sat 12:00~18:00（週日公休）

大進口非基因改造黃豆子自製的豆花於盛夏，冰涼中滲出豆香濃，大加分。寒冬則輔以溫熱紅豆湯，微甜的湯汁中，芋圓和土瓜圓展現出和冰品不一樣的好吃，有種純樸的美味，也推薦。

亦喜歡阿爸の芋圓。

據店內資料介紹，阿爸「使用大甲芋頭和台灣純手工地瓜粉製作，不加香精Q粉」，100%MIT製作出來的芋圓，口感微軟，有人不愛，但總比過份彈性的虛假Q勁來得有溫度，是最大吸引。

初來阿爸的多會點招牌芋見泥蔗片冰，但配料中的白玉湯圓和粉圓非吾之所愛。港仔的選擇落在芋罷不能蔗片冰上。以芋圓獨特的口感、濃稠的芋泥和芋球配上清甜的蔗片冰，讓他們在口腔中化開溶解再結合混和，感覺有趣好玩又好吃。

南港的愛來愛去則是在台北吃過眾家芋圓、地瓜圓後至今的最愛。因在港仔的動線上，閒來無事吃一碗成了生活的日常。

他們採現點現煮的方式，直接在客人面前汆燙煮熟，再把雙圓加入手工愛玉內，冰涼中微甜的黑糖湯汁更能襯托出地瓜和芋頭的香度、質感和彈性，吃著受用。冬天時又有自製的燒仙草，以之取代愛玉來一碗燒仙草綜合圓，看著碗中都是心愛材料，真箇是未吃先興奮。

弄懂雙圓後，開始了解冰品中其他相似食材在搭配上和口感上的分野，更能享受當中吃的樂趣。唯一至今依舊對粉圓沒好感。

朋友不解：「有哪麼難吃嗎？」

不難吃，只是不喜歡。如有些人，雖無犯錯，亦禮貌周備，但就是不想與他親近，更遑論交友。

有些事，勉強不來。

暖心

用食光佐人情世故

『初來台灣時，以了解這片土地為目的，
從吃入手最容易。通過美食的歷史和演變，
看到台灣社會和人民的進步，
還有烹調手法和口味口感的呈現，
怎樣是好吃？為何好吃？是文化，也是學問。』

食物水準與服務態度

金正好純正花枝羹

台北市／萬華區

愛去金正好純正花枝魷魚羹原因有二。

作為開業超過半世紀的萬華老字號，她的花枝羹是出名的好。不僅花枝大塊味鮮又脆，和柴魚味飄香濃稠度剛好的羹湯完美匹配，加點沙茶更是讚。還有花枝丸羹，那個丸子同樣充滿彈性鮮味，又暗藏花枝丁於其中，而且菜單上沒有列明，但可以把兩者合一成為綜合羹，收費不變卻能同時品嚐兩種好味，配一碗乾麵或清羹米粉，全都好吃得人心，只要在營業，人龍不會少。

客人多，外場忙。負責下單、送餐、收費交由刺青男店員一力承擔，從沒見他因忙而煩躁，反而輕鬆自若談笑用兵，永遠的親切笑容招呼周到，是令港仔在吃以外鍾情金正好的另一原因。

遇上為寫書沒有預先約好便以客人身份上門點餐直接拍照的無禮港仔，沒有多作查詢，在照顧其他食客時，一直在旁觀察希望能協助。甚至後來圖片出

金
好

問題，要作二度拍攝，繼續讓港仔在店內角落工作沒有微言。

這樣的服務，是要表揚的，即便不能常去，也會努力推薦朋友去吃去嚐。

餐飲業就是這樣奇妙的行業，明明販售美食，卻同時和服務掛勾。

有時不管你煮得多厲害，因為服務出問題，客人覺得被冒犯，即便面對是摘星級好吃，但吞進去的是一肚子氣，沒有美味回憶，只剩Bad Memory。

經營餐廳的朋友表示問題多出在年輕服務生上。他們的禮貌標準和我們很不一樣，用於朋友間相處沒問題，但以之作招呼服務，明顯和要求有落差，加上年紀小，不懂控制個人情緒，會把低氣壓帶到職場來，冷淡招待已經令人很火大，還要客人承受口黑面黑的服務，不是趕客是什麼？

最惱人是服務很虛無，不像下廚起碼在食材、料理步驟上都能有跡可尋，甚至有食譜作依歸，但招待客人卻沒有一個固定模式或SOP可跟隨。

但多一點笑容，肯定錯不了。

因為「伸手不打笑面虎」，微笑成為外場工作的首要條件。客人覺得服務親切，自然不會來找碴。特別在遇到麻煩奧客時，以笑面對，以禮相待，最後被責怪的機率相對少，是曾在餐廳當服務員的港仔的經驗之談。

亦曾受前輩指導，和客人說話時語態切忌流於機械化，音調的高低同樣會影響親切度。

「沒靈魂的招待，有時比沒招待更令人反感。」他說。

但隨時都要以笑面對，以禮相待，說有多累人便有多累人。

猶幸台灣的外場人員一般算有禮，更有在台港友打趣表示：「太習慣台灣的餐飲服務，回港吃茶餐廳怕不習慣。」

只能說道地的港式餐飲服務和上面所說的又有點不一樣。

像茶餐廳的外場員工以吆喝點餐，偶而和客人無厘頭搭訕一句起兩句止，粗言穢語出口成文，雖市井但有效率，飛快遊走餐桌間，點餐送餐少有出錯，發現錯誤後會高速改正更換，是以為沒有服務態度的港式外場服務。道地得連電台以茶餐廳為背景的長壽廣播劇《18樓C座》亦借用他們的說話語態來諷刺時弊，很香港，是經典。

這種因地區而生的服務模式，難以存活在其他國度，只能在香港，是城市中的次文化。或會被不懂的外地人覺得沒禮貌，但是土生土長的怎會不習慣？

縱然現今人在台灣，對這樣的港式服務其實早在懷念中。

地址／台北市萬華區西園路一段203巷4之4號
電話／02-23326071
時間／07:00~19:00（週日公休）

光影中的美食

竹林雞肉

新北市／永和區

台灣港式燒臘飯店中有一味源自港片《食神》的「黯然銷魂飯」。名字厲害架勢，內容雖然只有叉燒青菜荷包蛋，如配合得宜，其味無窮，不輸喜宴大菜。

可惜台灣叉燒薄切又偏瘦，口感難免和香港傳統採用既有油脂又肉質軟綿的梅花肉製作有落差，即便不乾柴，少了油脂，難以銷魂。

倒不如竹林雞肉的銷魂雞肉飯。

一碗飯中鋪滿了高麗菜、半熟蛋和煮得水嫩的白斬雞肉丁，雞肉因為來自不同部位，每吃一口，都口感有別，有時肉脆肉嫩，有時皮多油脂多，吃罷一碗，等於吃了一隻雞，而且雞肉都是當日凌晨運到店中作處理，新鮮得不用多作調味，簡單淋上店家特調的雞油膏已然好吃，配合白飯中的雞油和半熟蛋的蛋液，攪拌同吃，每口都是享受，才是真正銷魂。

想更仔細嚐味何妨來一盤去骨雞腿？在肉嫩皮滑下，中間透明晶瑩的肉凍不僅是Bonus，是雞肉品質上乘和料理功夫出色的見證。

還有一道外表令人聯想到上海餚肉的老滷雞爪凍。滷汁味道本已出色，非常涮嘴，店家還貼心把爪子弄成方塊狀剛好是一口大小，讓客人能輕鬆入口，又方便吐骨。惟「凍」難維持，外帶回家會化成汁，放在冰箱冷藏後再次凝固會結成一坨，塊狀不再，除非家居在旁，不然只好店內吃之，未能配合追劇時享用，可惜。

這樣的好雞好飯應該被表揚，豈是只有網友拍片撰文或媒體報導便足夠，台灣電影人何不將之納入作品中，如「黯然銷魂飯」般隨電影飄香到海外。

以吃入片，香港導演杜琪峰先生是能手。

杜導是圈內外出名的老饕，曾曰：「不用工作時，最愛是吃。」

難怪在他的電影中少不了吃，總有餐廳的場景，很多都成為名場面。

如《PTU》中林雪出場的火鍋店，正是港式肥牛和沙嗲湯底始創店方榮記。又因為愛吃其記臭腸，杜先生特別在《盲探》中加入了劉德華去吃其記的劇情。

在他光影世界中又存檔了很多已結業的老餐廳。

《PTU》的另一幕，任達華率領眾警員吃泡麵的正是在二〇一九年結業的中國冰室；《復仇》中黃秋生在飾演的殺手阿鬼猶豫於如何兌現復仇承諾，正

是取景於早在二〇一二告別香港餐飲界白宮冰室中。

令杜先生的電影在說故事外增添了歷史意義，豐富了其藝術價值。

王家衛導演的電影同樣出現不少串連了餐廳的名場面。

他把在《阿飛正傳》中多次出現的皇后飯店重新引領到觀眾視線，令餐廳的白汁雞皇飯、俄國牛柳絲飯、羅宋湯再次成為城中熱門美食，更吸引不少東瀛影迷來朝聖，迎來了皇后飯店的黃金時期，也是香港最美好的年代。

還有《花樣年華》，男女主角周慕雲和蘇麗珍在金雀餐廳以吃飯為藉口作互相試探，到最後確認雙方伴侶正在出軌中。這段戲同樣令金雀再度走紅。

港仔最愛王導以周慕雲和蘇麗珍的各個買／吃餛飩麵的情節，既重現當年香港人家吃大排檔的場景，在買和吃之間營做出浪漫。在他的鏡頭下出現的：偶遇、高跟鞋、飯壺、邂逅、暗角、擦肩而過、旗袍、音樂、眼神、香菸、街頭、慢鏡、餛飩麵…

暗中作動的思緒，糾纏不清的曖昧。悶騷，卻撩人。

憑藉美味重溫千迴百轉的故事內容，通過味道作劇中人物的投射，吸引戲迷跑到片中餐廳來朝聖，從現實中再次感受電影的氛圍，是戲劇以外延伸出來的餘韻，同時能推動餐飲好吃，何嘗不是美事一樁？

台灣導演們可以考慮。

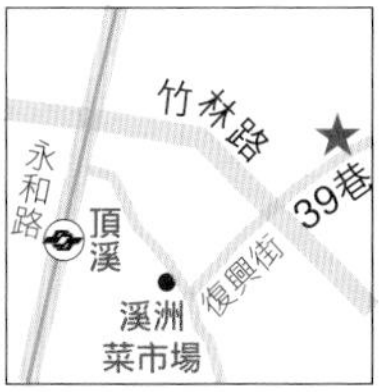

地址／新北市永和區竹林路39巷13號
電話／02-89250096
時間／11:00~1400，16:00~20:00

生存就是勝利

美天好食光 錦州店

台北市／中山區

二〇二一的農曆新年前應朋友之邀吃了一次美天好食光錦州店後，港仔連續兩年生日在此度過。

按老家在台南的朋友所言：「難得吃到好吃家鄉菜。」所以點了滿滿的一桌，竟然每道都表現出色，乾煎無刺虱目魚和川燙小卷以不同的烹調方式帶來不一樣的海鮮美味，一個香酥，一個嫩脆，卻呈現了相同的新鮮甜美。招牌蚵仔肉燥飯把兩種看似不可能的材料變成了可能，原來肥肉油脂和海鮮可以如此搭。最驚艷是海鮮鍋燒麵，不因蝦子、小卷、蛤蜊、蚵仔滿佈的大堆頭，重點落在鍋燒麵不會軟趴帶點嚼勁的高水準，蓬鬆的口感很掛湯，是

首次覺得鍋燒意麵「原來好好吃」，而且愈吃愈覺得和香港的伊麵八分相似。

說相似有點不對，因為根本是同根生。

作家魚夫先生《「伊麵」不等於「意麵」吧！》一文中，記下了伊麵和意麵的前世今生，本來叫作「伊府麵」，但在台港兩地的發展卻不一。經過演變，成為台南著名的意麵，在港則以伊麵為名，又被稱作長壽麵，是傳統生日的必吃。

就是為了生日吃碗好意麵到美天好食光，但非為慶生而來。

因為早已不再慶祝生日。

年輕時覺得過生日就是一種為難。

一班朋友中，總有一兩位沒有那麼要好，或是公司眾同事中，難道沒有幾位面和心不和的嗎？卻要他們在群眾壓力下「大家一起」來唱生日歌說恭喜，還要在禮物和生日飯宴中分攤給一份，根本就是強人所難。反過來要港仔皮笑肉不笑的說「謝謝」同樣難受得要死，更別說要和對方說Happy Birthday了，不是不可以，就是不願意。

幸好當今港仔同事不多，朋友也只幾位，都是不愛慶生的怪人，生日如尋常日子度過反而輕鬆自在。

至於長不長壽，從來沒有刻意追求。

縱使活到一百歲，可是最後20年躺在病榻中，麻煩別人，也辛苦自己，何

不早點離開。

對於老，不會怕，但怕老得辛苦。年輕時已有這個覺悟，當時覺得活到60差不多。近代醫療進步下，覺得70也不錯。

就算立即要往生，不會覺可惜。

要達成的人生目標，早已提早完成。

學生作文課必寫的《我的志願》中，別人要成為醫生、警察、老師或郵差，港仔則寫下要當模特兒穿盡華衣美服。

中學時開始思考未來出路，只求能從事和音樂相關的行業。畢業後，先是在音樂雜誌社中當記者和編輯，後來成為唱片公司的企劃宣傳，最後跑到電台做DJ。當時主力做年青人節目，經常被流行雜誌邀請拍攝當Model穿新裝，甚至憑一百七〇公分上T台走貓步。

開始打開知名度後想要一家人住得舒服點，於是出任電視台主持和拍了一大堆低成本電影，終於在25歲買下房子成為有房階級。

退居幕後重拾寫作，有時會萌生出書的念頭。沒想到機會降臨，書一本一本的寫又一本一本的推出，而且銷量不錯。

人生想做想達成的都做到和達到，覺得死而無憾。

猶幸仍健在，因為死不得，要和對家鬥長命。

能消耗他，生存就是勝利。

如網上所言：

這不是被動地不作為。在這或長或短的等待之中，保持清醒頭腦、磨練觸覺增長知識、鞏固主體意識，不消沉不投降，十分重要。

所以生日到美天好食光吃一碗台南長壽麵，鼓勵自己，咀咒對方。

到底是誰在哪Blah Blah Blah⋯

是香港人或是愛香港的一定知道。

If You Know, You Know.

地址／台北市中山區錦州街183號
電話／02-25683255
時間／11:00~14:30，17:00~21:30（週六公休）

吃粗飽的意難平

二哥烏醋麵

新北市／汐止區

朋友用「吃粗飽」來形容汐止二哥烏醋麵。

二哥的烏醋麵看似尋常家常，但麵條煮得軟硬適中的恰到好處，鹹酸調味互不攻搶卻相輔相成，一經攪拌攪出豬油的微香，還有荳芽菜的點綴，帶出不同口感，整體口味滑順清爽，純樸中見精緻。能成就如此味道、口感、香氣互合一，是經驗，也是學問。

再來嚐一下他們的骨仔湯，以為只用新鮮材料能成事？如何處理肉腥臊，湯頭怎樣在雅淡襯托出肉骨的鮮甜，都是一種講究。

所以對港仔而言，二哥的麵食肯定不是粗飽能形容，尤其是總覺得這三個字有「只求吃飽，精緻度欠奉」的暗喻，從那個角度切入理解，都隱藏「不如高級餐廳」的意圖。

首次聽到這兩字於初來台，覺得不可思議，是對用心煮食的廚子的冒犯。

在港仔的教育中，餐桌禮儀佔了重要一章，吳爸甚至定下多條守則要遵守：

- 吃飯要雙手，左手拿碗，右手拿筷子，不能靠倚著餐桌，坐姿要端正。
- 進食時不能說話，咀嚼時不可發出聲音。
- 碗中不能有剩飯，最後一粒飯也要吃光。
- 飯前叫人，飯後要說：「吃飽了。」並把餐具整齊放好。
- 不挑食，所有菜式都要吃，不愛的，可以淺嚐，不能不吃。
- 要學會正確使用筷子，筷子不能插飯中，更不能用筷子指向別人。
- 減少餐具碰撞的聲音，嚴禁筷子敲擊飯碗。
- 第一口要先吃飯才可以夾菜。
- 菜不能連續夾，要一口飯一口菜，把菜堆滿飯碗和湯淘飯同樣被被禁止。
- 不能哭不能哭不能哭。

條例繁多，未能盡錄，都是吳家當年吃飯時必須遵從的家規，要是犯禁，會被痛打一頓。特別是哭戒，更是犯不得。

因為吳爸認為飯桌上應該表現喜悅，是對食物、農民、漁夫和廚師的尊重，而且家人同桌而吃，理應開心，焉能流淚破壞氣氛。

偏偏港仔從小愛鬧，包括吃飯時，明知道不能犯規卻一直犯。每出問題時，吳爸會用筷子直接打下來。有時打手，有時打頭，既狠又猛，從不手軟。當然會痛，但哭不得，不然打得更重。有時痛得受不了，眼淚強忍還是流下來，會被連拉帶拖的丟到房間中餓著思己過，直到哭叫停止，才批准重回飯桌吃飯去。

這樣的家規隨著吳家姐弟成長漸放寬，當今早已不復存在，但由於小時候在打罵下的久經訓練，早已養成習慣，至今會自然而然的展現那些守則於進餐時。

所以在首度聽聞「吃粗飽」，難免大吃一驚。

後來知道是閩南語常用詞彙後，才知道是誤會一場。

雖然明白理解非貶意，但至今仍未能入鄉隨俗靈活運用這一詞，甚至從來未曾以之使用於食物上，寧願選擇其他方式去表達。

以二哥為例，會說是「傳統精緻的美味」，或是「純樸感動的好吃」。

是性格使然，或一如既往地歸咎於兩地文化差異，港仔不反對。

地址／新北市汐止區大同路一段327號
電話／02-26919907
時間／10:30~20:20（周日公休）

自以為饕客的奧客

三條通魷魚羹

台北市／中山區

有網友在三條通魷魚羹的頁面留下評語：好吃，但不用刻意前往。

對於前面部分「好吃」很認同。

三條通的招牌魷魚羹碗小份量足，羹塊以魚漿裹覆著魷魚，雖不若金正好的個頭大，但輸人不輸陣的味道鮮美層次強，還有沙茶魷魚也是好，爽脆得口感同樣叫人印象深刻。重點在於價錢完全憑良心，是通膨嚴重下少見的銅板美食。怪不得附近上班族愛來此吃碗羹湯搭配炒麵、炒米粉於早餐午飯時，是中山北路上的人氣小攤。

既然好吃得寫下評論推薦，又焉有推薦「不用刻意前往」之理？

寫作觀點有很多，可以從不同角度切入。

為什麼不能說魷魚羹加點店家自製生辣椒味道更鮮明？也可介紹炒米粉淋

上肉燥香而不膩帶來古早味美，或是滷蛋入味好吃不容錯過，不然點名老闆娘客氣又富人情味也無不可。

在讚好時卻叫別人不用特別去吃便顯得耐人尋味。其實又豈是這則網評令人哭笑不得，還有更多負評同樣令人看後前額滴汗三條線浮現。

以下一段來自網上對某豆花店的評語（大意）：豆花不錯吃，但是老闆娘愛亂算錢。粉圓豆花40元，我多加花生要多給5元，盧了半天後才不收加料費。隔周去吃，加料竟然變成10塊錢，好說歹說她才心不甘情不願的變回原價45元，後來才知道，加冰還要多給10塊，有夠扯。

港仔沒有親臨現場，靠「受害者」的文字描述，只覺不可思議。台灣道地說法是：看傻眼。

不看新聞都知道通貨膨脹得厲害，食材天天往上漲，小攤經營的苦況從路上一攤一攤倒閉人人心中有數，憑什麼你卻要在這節骨眼中討便宜？而且店方明碼實價，雖然文中沒有說明有否標示出來，但肯定有口頭告之，沒有立心隱瞞或欺騙，如果嫌貴，大可不吃。但吃後喜歡再回頭，遇上店家加價硬要人收取舊價錢，到底是有多不要臉才能做出如此行徑？最後便宜給了你，還要發文抱怨說被坑，評價只給一顆星，完全沒良心。

在另一家冰品店的評論區有客人留言，沒有多言好吃與否，只搬出別店的

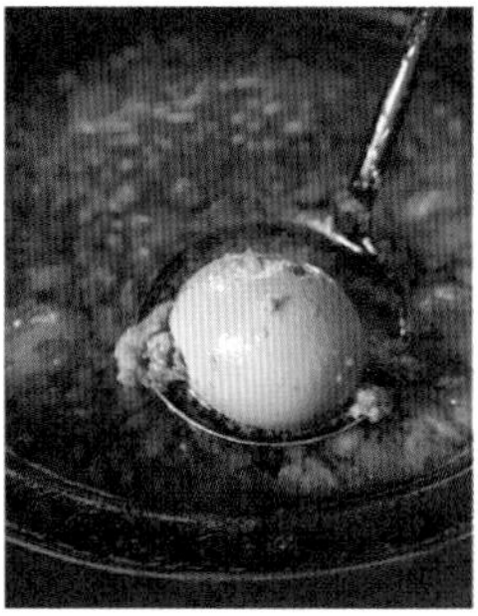

出品作比較，表示份量比別人少價錢卻比別人貴，以後不會再光顧云云。

店家回覆很實在（大意）：

謝謝您的指教。仙草凍的作法可以稀釋3～6倍，芋圓可以加入很多粉，糖水則選擇較便宜的進口二砂糖製作，這些都是減低成本的作法，但我們沒有依樣製作，因為父親教導要用好的食材作出好的料理，而且我們本來就不是作便宜又大碗的店。說實話，我們的刨冰多年沒漲價，今年只稍為調節加了5元。說真的，從疫情開始，食材成本已很高，加上近年人事成本上漲，其實整個餐飲業都不好過，唉……

店方不卑不亢的說出事實，表明立場，讓事情更立體，不會出現單一聲音的不公允，結果交由網友自行判斷。

這樣的回覆是要鼓掌的。特別在這人人網上發表食評的當下，培養出稍不稱心會上線亂寫亂說自以為饕客的奧客，隨便一句不負責任的批評，都能毀了一家店多年辛苦的努力經營。

為此說明，港仔寫吃寫餐廳從來不敢以食評自居，一切從美食好店分享出發，沒有難吃這回事，只有喜歡不喜歡，不合口味的跳過不表，只介紹舌頭味蕾認同的，因為相信好吃自有惜花人，不用發文唱衰和店家過不去。

地址／台北市中山區中山北路一段53巷
電話／02-25425771
時間／Mon-Fri 06:00~20:00，
Sat 06:00~18:00（週日公休）

未審先判的不公義

老牛牛肉肉燥飯販賣所

台北市／中山區

誰都知道未審先判的不公義，偏偏不斷發生在現實生活中。

簡單如頭髮或穿衣。

髮型師提議換個新髮型，朋友建議怎樣款式的衣裳可以多穿。最常聽到的回答是：「應該不適合。」冷水一盆淋下來。

頭髮剪壞了有很多補救方法，衣服也可以先試才買，卻不假思索的直接婉拒，反正外觀好不好看，個人負責，與人無尤，你喜歡就好，隨便吧。

在職場上也常見。

總會遇到根本不熟卻看你不順眼的人，會背後說閒話，事事挑剔於合作時，做什麼都不對，無道理可言。是同事，可避則避。如是上司，躲不掉，基本上已經忽略了工作能力，即便依然倚重你的業績，但說話肯定不好聽。既然有能力，港仔會勸你退，定有更適合你的工作場所，不然如斯環境是困局，生

不如死。

吃，亦有現成例子。

朋友愛吃肉燥飯。聽聞那家店好吃，一句不問直接殺過去先吃為快。不管是虱目魚或雞肉製作的，連不愛的羊肉，只要製作成肉燥，統統不放過。唯獨港仔推薦他去老牛牛肉肉燥飯時卻支支吾吾，一時說怕牛肉乾柴，一時嫌棄不油不潤，理由一堆，一拖經年。終於去吃了，認同港仔所言，口味宛如小時侯用保衛爾牛肉茶拌飯的濃郁，吃出癮來，同時愛上店家蔥油雞飯的香嫩，多加一隻荷包蛋，一經攪拌，滋味又銷魂。

都是太信自己之過。小事上還好，但過分的自以為是會出人命的。

這種情況長輩們常發生。遇到身體出現問題，聽朋友之言來判斷病情，有時會因為這樣誤導了醫生，費時失事事小，影響醫治事大。他們又愛憑經驗斷診，以為發燒一定是感冒，隨便吃顆藥了事，罔顧身體器官出事同樣會令體溫升高作警告提示，或會因此延誤了治療的黃金時間，很危險。

信自己有害，但不相信自己同樣會出大事，尤其是在感情世界中。

港仔一位女性朋友雖然不如女明星般會令人一看哇哇叫，但她可愛懂打扮，路人回頭率高，加上聰明又個性好，滿以為在感情路上吃很開，可惜每次戀愛都分手收場，而且責任都在她。原來她和男朋友一起時如換了個人，總會覺得對方太好自己配不起，愛得患得患失。有時在社交平台看到男友和女性友

人合照，明明知道女的已婚，都會判定男方出軌。一開始疑神疑鬼便沒完沒了，暗中監視男友行蹤要求報到，甚至偷看對方手機。男生最討厭的女友行徑她全做了，為此常爭吵，最終分手收場。這樣的結局，豈是一次起兩次止，數任男友都因此被嚇退，屢試不爽。

無論是過度自大的剛愎自用，或是過份自卑的忽視一切，這樣的未審先判，害己也害人。

港仔曾身受其害。

初中開始寄居外公外婆家。他們家在另一山頭的貧民窟，一住數十年，吳大媽的童年和少女時代就在那裡度過。

住山上如住農村，人情味濃厚，你家菜煮多了會和鄰居分享，他多買了水果會邀請大家來享用，除了外出或晚上睡覺時，門戶大開，方便鄰居間走動。

這樣的睦鄰關係在港仔姐弟遷入後出現微妙變化。鄰居們的活動熱絡如舊，但是卻暗自吩咐

家中小孩不要和我們有交雜。原因是：「他們很壞。」

連會偷錢的姐妹花也被家人限制和我們接觸。

到底怎樣壞？壞在哪？會比偷錢壞嗎？至今成謎。

吳大媽知悉後很激動，氣得一泡眼淚一鼻子鼻涕，心疼兒女被排擠，更不憤一力欺壓的都是她少女時代的姐妹淘。

猶幸當時眾家小孩年紀小，和已成中學生的港仔有「代溝」，吳大姐只會埋首學習不問世事，縱然被孤立也不當一回事。

後來吳大姐的學霸身份被確定，港仔成績不算好還是年年升級名校繼續唸，加上看到努力為家事忙，鄰居開始接受我們，有時還會叫家中小朋友來問功課，終於洗掉壞小孩之名。

這樣的事情如若發生在當今現世中，屬於霸凌行為。新聞常有報導被欺負者最後受不了，輕則出現心理或精神毛病，重則會以自殘自毀來告別痛苦，亦有行為激烈者選擇報復。

幸好我們那年代很單純，對港仔姐弟沒有負面影響，別人都說人言可畏，我們早學會處之泰然，甚至訓練出強心臟面對後來生活中的大是大非。

只是有多少人會如吳氏姐弟般安然度過沒有被傷害？

所以至今依然堅守不能以貌取人，禁止未審先判。是原則之一，也是座右銘。

地址／台北市中山區長安東路2段171號
時間／Mon-Fri 11:30~14:00，17:30~21:00，
Sat-Sun 17:30~21:00

愛護自己，拒絕不尊重

梅滿美食

台北市／大同區

看劇，是從小至今的興趣。

最早記憶追溯到一九七〇年代的《無敵金剛009》。主角太空人岳史迪因失事受重傷被改造成半機械人，從此警惡懲奸。劇集全球大熱下，當年香港小朋友全都想被改造後擁有神力成正義化身，爭相模仿岳史迪在學校小息時。

後來的《霹靂嬌娃》更是不得了，把女主角Farrah Fawcett捧為全球性感Icon，不少女生爭相仿效她那頭標誌性髮型，在劇中用滑板追捕壞人的名場面，更掀起了全球滑板熱。

以上影集，在港以配音劇出現，令不會英語的小朋友也能看得明白追劇開心。

後來洋劇式微，日劇入侵，看西洋劇集要轉往外語頻道。

當時剛升中學，正好看劇學英文，追看了多季的《Moonlighting》，男主角布魯斯威利憑此劇走紅，那時頭髮可多著。又重溫了不少經典如《風流軍醫俏護士》和情色逗趣的《不文山鬼馬表演》。

開始電台工作和出任電視主持，到後來全身投入當演員拍電影，時間難以掌控支持追劇這回事，退而求其次，改以劇情沒有太大連貫性的情境劇（Sitcom）為主。一部誇張又充滿英式幽默的《荒唐阿姨》令港仔瘋狂愛上，至今仍保留完整一套DVD。

千禧年美國影集再次浪潮洶湧，更多好劇可看可追。當時沉迷在《六尺風雲》、《迷失》、《夢魘殺魔》中，一看多季。這季看完了，相隔一年才盼來

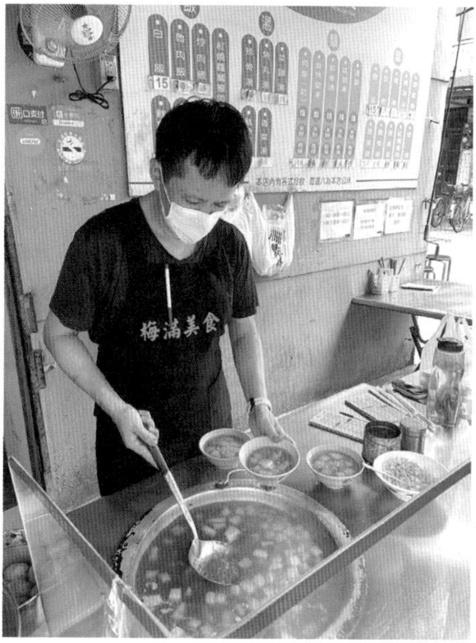

全新一季，但依然每年推出每季追看，每每完整收看一套劇集費時數載。

劇迷追得忠心，不代表電視平台會對觀眾負責任。

對此很不齒，至今仍為腰斬《英雄》意難平。明明收視不錯，卻突然終止拍攝妄顧觀眾追看四年的光陰，拖欠我們一個最終回合大結局。

後來的《疑犯追蹤》亦差點以同樣原因爛尾收場，為表對劇集支持，曾寫下多封電郵到電視台越洋投訴。

讓港仔心死完全放棄洋劇在《超感8人組》第三季決定終止拍攝時。電視台說詞是劇情發展要在全球不同國家拍攝成本過高所致。總不相信台方高層在開始投資拍攝前會一無所知，以此藉口來敷衍觀眾直把我們當笨蛋，以為我們真的太好騙，其實就是不尊重。

愛護自己，罷看有理，於是把心一橫，從此放棄不看。反正沒有美劇不會死，港仔投入韓劇世界中。

這些年的韓劇水準高，演員會演劇種多樣化。像《請回答1988》、《我的大叔》、《怪物》、《未生》、《熱血司祭》等，隨口一數已好劇一堆，而且集數輕鬆只十多二十集，不用數年看一劇等到頭髮都白了。

對吃，亦抱相同取態。

從前在通化街附近有家新開小攤的焢肉飯很不錯。由他們籍籍無名吃到成排隊店，卻在走紅後服務態度變，對客人吆喝甚至指罵。於是改去別家，反正

台北好吃的很多。

朋友知道港仔愛古早味焢肉，推薦圓山的梅滿美食。

他們的焢肉肥瘦鮮明，特別使用老字號鬼女神醬油，滷得入味細軟，雖然口味偏重，在大量酸菜加持下，減少了味蕾的負擔，反而突顯了醬油獨有的回甘淡香，搭配白飯，味道剛好。

腔肉以外，梅滿的紅燒瘦肉也是好，看似乾柴，卻肉質軟嫩，還有魯菜頭，同樣每口都透出滷汁香，味道迷人。也愛他們的排骨湯，湯頭毫不油膩，反而充滿蘿蔔鮮甜味道香醇，排骨酥雖不是入口即化，卻保有咀嚼的樂趣，是另一種吃的快感。

梅滿的服務態度也是讚，並沒有因為太忙客人太多而荒腔走板變得無禮不客氣，不會因為走紅出現大頭症，反而笑容親切有禮招待，讓客人從點餐到用餐都在愉悅中。

港仔為此甘願到圓山，完全不介意路途遠，即便通化街近在眼前。

常言道得好：「這個世界沒有缺了誰不行。」

若有天梅滿待客態度變，縱然味道依然，港仔仍會毅然放棄不可惜，因為沒有你，還有他，總有替代品，不管是看劇或覓吃，處世亦然。

相敬如賓那限於夫妻間，尊重真的很重要。

共勉之。

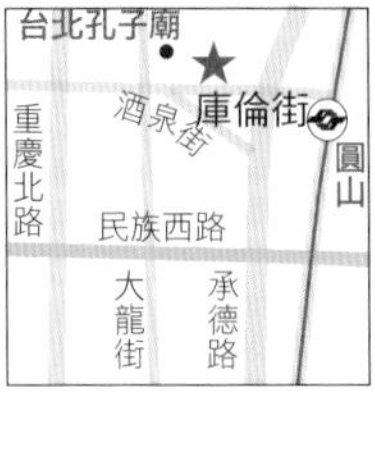

地址／台北市大同區庫倫街13巷2弄2號
電話／02-25962348
時間／06:00~13:30 (週六、日公休)

牛肉不再二度戒

清真黃牛肉麵館

台北市／中正區

戒除，別人說困難，卻從來難不到港仔。

應該很難相信港仔曾是菸民，而且吸菸始於小學升上中一時，當時年12。因為參加學校的課外活動，認識了一票同校的中五學長，每天和他們混一起。他們偷抽菸，自然跟著抽。

那時下課躲在學校的小教堂中抽，坐公車回家時更是公開狂抽，一口接一口，一根接一根，有種反叛的快感。

因為不避諱，引得乘客向學校投訴東窗事發，港仔因此被記大過，更害吳大媽被訓導主任召見，嚴厲表示若再違規，將作停學處分。

港仔不怕停學，對吳大媽卻心中有愧，畢業前一根香菸沒碰過。

17歲離開學校後又開始瘋狂抽起來。特別在進入電台工作後，香菸從一天兩包到三包，還有繼續遞增的跡象。

會有如此大躍進，很大原因來自電台工作繁忙，從節目走向、內容鋪陳、音樂挑選、環節對白都由ＤＪ負責創作設計。港仔那時主持一週有六天，時刻都在構思節目中度過，菸不可缺於思考時，碰上卡關更是抽得兇。

終於覺得不能再這樣下去了，於是開始戒。

一戒八、九年，直到開始在台灣生活的二〇〇三。

當時身邊沒有不吸菸的台灣朋友。他們工作抽，吃飯抽，聊天時更要抽，男抽女也抽，抽得天花亂墜。港仔身陷其中，被迫吸入大量二手菸於早午晚。把心一橫，重投菸民行列。

後來覺得這種形式的抽菸壓根在賭氣，反而害了自己，犯不著，於是開始二度戒菸至今。

前陣子為好玩拿了朋友的香菸吸一口，竟然被嗆到，還覺得臭，相信往後很難再成菸民。

戒過菸，還戒過牛。

某天莫名完全不想吃，於是直接放棄。吳大媽說是霎時衝動，三數月後會重拾。誰想到這個心血來潮延續十多年，中間完全沒有想吃的衝動。

前幾年突然靈光再現，覺得可以重新吃。

台友特別宴請吃全球最貴牛肉麵作慶祝，沒有不好吃，但是一碗承惠一萬的高價位，值得與否見仁見智。

卻因此開啟了港仔尋覓便宜好吃牛肉麵的想法。

在百物騰貴下的台灣社會中，還有很多只賣百多元的牛肉麵，生意不錯，網上風評亦好。

郁誠是這個等級的牛肉麵店優材生，是在潮州街上數十年的林記水缸牛肉麵的分支，雖然由二代經營，但是香醇的牛大骨湯頭，燉得軟綿的牛肉，美味如一。熟門路的老饕都會點牛肉麵搭配蛋包、餛飩的隱藏版吃法，雖然豐盛，但是港仔怕太飽受不了，每次只來個牛肉麵加蛋包，已經吃得滿足。

又有一間清真黃牛肉麵館，貴一點，但值得。

宗教原因，他們的牛經過飼養和屠宰上的特別處理，就是不一樣，牛肉味道展現更上一層樓。吃第一口，會嫌清淡，有點柴，再吃一口，牛的鮮甜和肉香會慢慢綻放舌頭上，而且愈吃愈好味，連本來稍感乾硬的肉質也嚼出癮頭來。連肉湯的味道也不例外的從無到有讓人喝得滿口牛肉香濃，為此，每回都會取清燉棄紅燒，讓肉塊配上湯頭的香醇和淨清，更能好好感受無雜質的好牛肉。有時和朋友同來，會多點一客牛肉水餃，或是來個牛肉餡餅，也是初吃無感，但愈吃愈能吃出真滋味的好選擇。

這樣的牛肉麵，不管是郁誠或是清真黃牛肉，港仔都歡迎。

菸，戒掉也罷，不可惜。

牛肉實在好吃，不會再戒。

地址／台北市中正區延平南路23號
（近捷運西門站5號出口）
電話／02-23318203
時間／11：00~19:30（週一公休）

想你了

金園排骨萬年店

台北市／萬華區

港仔愛金園排骨，卻一度害怕重臨光顧，一別數載。

金園的排骨很吸引，外表大塊有厚度，炸衣薄又酥脆，醃製入味，微甜味鮮，帶有胡椒香，真的很好吃。

難得是雞腿同樣優，不像一般便當雞腿的暮氣沈沈，毫無生機，帶點西方烤雞的況味，比ＫＦＣ的香酥，連不愛雞皮的港仔也會打破慣例吃上幾口，很厲害。

因為喜歡，曾經是港仔多年在台的一人年夜飯必吃。

當別人都回老家和家人吃飯守歲時，港仔會在冰箱中拿出預先買好的金園排骨和雞腿，用鋁箔紙包好，放在平底鍋上用小火加熱，最後紙去掉，把排骨和雞腿表面煎得香脆，便能上桌，邊吃邊打開電視上的賀年節目，熱熱鬧鬧沾點喜氣過好年。

看似可憐兮兮，但是港仔從來沒有這感覺，因為總有啡啡在陪伴。

啡啡是隻米格魯，在港仔來台的二〇〇三，正式成為一家人。

為了啡啡，港仔除了準備了金園排骨在除夕夜的餐桌上，會特別張羅一份他愛吃的，一人一狗年夜飯，互相守著，從不孤單。

和啡啡初遇在擎天崗，一直跟在後面的他應該是迷途走失。看著怪可憐，決定先帶回家。以為憑藉晶片可以幫他尋回歸家路，主人竟然沒有植入。總不能把他帶回山上原地放養，想送養，當時在台朋友不多難成事，騎虎難下只好把他收留在家中。

殊不知這小子很賊，裝成乖乖牌在山上初見時，到入住後原形畢露，根本是小惡魔，搗蛋咬東西隨意大小便。最令人頭痛是外出留他在家會大叫，像哭，是哀鳴，可能是想念前主人，卻被鄰居投訴以為鬧鬼。

或許是對新環境的不適應，也沒有認同新主人，啡啡以叛逆行為來表達對新生活的不滿，當時常有送走他的念頭，幸好把他留下來，不然就沒有往後14年的各種快樂和幸福。

雖然啡啡花了很長時間才認定了港仔是新主人，融入新生活後，他有完全反差的表現，從前冷漠的眼神消失了，變成愛玩愛撒嬌的小朋友。玩累了，硬要貼著港仔來睡覺，你移動，他又靠上來，睡熟了，會打呼；牠也會放屁，比人更臭；為吃會耍小詭計，行為愈來愈像人，朋友說他已成精。

我們有很多有趣而窩心小故事。

像他結紮回來，麻藥剛退未全退，看著他步履蹣跚吃力走來要港仔抱著睡，一臉可憐相，誰料隔天已能飛簷走壁頑皮歸位。

有一次港仔推著行李準備出門回港時，本以為早已習慣每月小別的狗兒，冷不防跑過來咬著港仔褲管留人不許走。從此啡啡恨透了行李箱，只要看到它出場，總會安靜坐一旁表達他的不開心。

啡啡驗出有腫瘤在二〇一三年，因為年紀太大開刀風險高，醫生勸說放棄。但總不能連治療也沒嘗試便放手，立時換醫生，並且中、西醫雙管齊下，再把飼料更改為生鮮餐，減少養肥癌細胞的醣分吸收。這樣啡啡又多陪了港仔4年。

最終因為病變，不想啡啡再受苦，決定讓他安樂離開。

那年年末回顧中，港仔為啡啡製作了一段影片，寫下了這一篇：

二〇〇三年，你來到我家。幼小的你，充滿

個性，非常任性。從反叛對抗，到後來依賴撒嬌。朋友都說我把你照顧得很好，可是他們不會知道我對你情感的依賴同樣深。

我們以生活經歷了14年，去到最後一天，在車上，你貪婪的看著窗外風景往後退，在你腦中有否湧現這些年來我們共同度過的美好？希望你會記得曾經和你說的這番話。

「下輩子，你要當人，我們來做朋友吧。如果不幸地仍是一隻狗，也要來找我，我會繼續做你主人。」

終於到了臨別一刻，你臉上出現了一個祥和的笑容，一個能叫我安心的表情，你以一個溫柔的眼神凝望著我，當中包含了憐惜、愛意、包容和諒解。

啡啡，謝謝你愛過我。

啡啡離開後，港仔很快的把他的東西收起來，未幾更搬離從前那個家，避免睹物思狗就算後來在因緣際會下認養了小個，對啡啡的思念和愛意只有每天增加。因此更不敢再到金園去。

今年是啡啡離開的第5年，鼓起勇氣再次踏足，店內環境依舊，排骨和雞腿美味依然，唯獨是少了啡啡，卻讓港仔重新開箱了當時每年除夕年夜飯人和狗的珍貴回憶。或許以後可以多來吃，是嚐美味，也是對啡啡的懷念。

地址／台北市萬華區西寧南路70號B1
電話／02-23819797
時間／Sun-Thur 11:00~21:00，Fri-Sat 11:00~21:30

感恩菜市場

張媽生鮮手工水餃

台北市／大安區

台灣的菜市場，香港稱為街市。

港仔沒有家人在菜市場工作，不算是菜市場的孩子，但小時候吳大媽總會牽著小手去買菜，算是逛街市長大的小孩。

一直覺得菜市場不是一個只販賣新鮮蔬果魚肉的市集，同時是人情味交流的集中地。

從前社會窮人多，市場中總會聽到大家說著那個誰誰誰家裡怎樣怎樣，不是要說長短，實情是討論著如何協助度難關，可惜到市場來的都不會是富有人，幫忙有限，只能今天我送菜，明天你給肉，讓對方可以先填飽肚子，再去解決眼前問題。明明是不相干的你我他，或只是買賣關係的攤販客人，卻親密如家人。

這樣的互相幫忙，吳大媽亦曾多次受惠。

當時港仔年紀小，不如一般小孩愛笑，總愛嘟著小嘴像生氣，這個表情常被用作幫忙的藉口。

「給你一塊肉，不要再生氣了。」賣豬肉的大叔說。

「誰又惹你了？」菜攤大媽邊說邊把包好的蔬菜塞到港仔手中。

連平常和吳大媽聊天的那位太太也加入行列。

「幹嘛又嘟著嘴了，來，阿姨請你吃。」然後遞上一袋雞蛋水果之類的食物。

誰說年紀太小不明白？其實港仔都懂。

因此一直對菜市場抱有一份好感，總覺得親近，在買與賣之間，養成了和攤商聊天哈拉的性格。

沒想到如此個性同樣適用於台灣，讓港仔賺了一票菜市場婆婆媽媽叔伯大哥的愛護。

不要以為只是表面打哈哈，當中肯定有真感情。

張媽是港仔首位認識的攤販在打滾通化市場於過去二十年。

情誼始於她的韭菜盒子。標榜少鹽少油，只用橄欖油，不加味精，而且以乾烙煎製，不僅不會油膩，還能吃出食物真味和麵粉香，和旁邊另一攤以半煎炸形式處理的韭菜盒子形成鮮明對比。

後來又愛上張媽以同樣方式烹調的蔥油餅。早已調味的粉團，不用掃上任

何醬料，已然夠味好吃。港仔有時會買下數張放家中冰箱，想吃時，模仿張媽用乾鍋慢火煎得兩面香脆，配杯熱茶或咖啡，是簡單味美下午茶點。

開始和張媽熟悉聊天在多買多吃多見面後，才知道以乾烙煎餅的背後故事來自老伴張先生。

當年張先生回中國老家在兩岸剛開放時，卻因中風回台，情況一度危急。

「在那邊吃的濃油重味吃出個病來。」張媽如是說。

從此改變了張家的飲食方式，一切從健康出發。許是如此，張先生後來慢慢痊癒又多陪伴了張媽22年。

現在攤上販賣的韭菜盒子、蔥油餅都是後來夫妻兩人共同研究出來的食譜。

張媽笑著回憶著說：「他搓麵團可厲害了，一手一個，我一直學不來。」故事有交流。張媽分享了她的當年往事，港仔則奉上香港見聞或家中小狗頑皮事蹟，聊得高興，說到開心時，一老一小常會在路邊攤旁哈哈大笑。

朋友覺得不可思議，竟畢張媽的政治見解和港仔不盡相同。

是不同，但不代表要反目成仇，仍是可以交朋友。

所以每到論政時，「張媽說，港仔聽」，成了我們另一種相處之道。

在COVID-19初流行，港仔擔心家人決定回港一趟。因為疫情邊境防控嚴謹，一去數月才再踏足台灣。

和張媽再見面，她開心笑說：「終於回來了。」

旁邊攤販大媽大聲告密：「她啊怕你從此出不來。」

除了張媽擔心，當時很多攤商朋友知道要回港時，紛紛叮囑要小心。賣海苔的阿姨更走遍整個菜市場，要把港仔找出來，為了送上一盒口罩。

「拿回去給媽媽用。」一走太急的她喘著氣說，那時正值瘋搶口罩時⋯⋯

有時回想街市或菜市場在這些年的給予，從當年有菜肉雞蛋魚，到當今的口罩贈家人，不是什麼稀奇珍品，卻是更顯珍貴不能忘懷的恩惠情義。

實在難以回報，只能在此撰文記下，以示感恩，一一謝過。

地址／台北市大安區通化街 57 巷口左邊第二攤
電話／0920-201881
時間／Tue-Sun 08:00~13:00

開封閉口，為鍋貼找正確答案

阿財鍋貼．水餃

新北市／汐止區

帶著初移居台北的港友遠道前往汐止去吃阿財鍋貼。令他大感不惑。謎底揭曉在吃上第一口後。

「好吃。」他說。

阿財的鍋貼個頭不小，微厚的手工外皮油亮Q彈，底部煎得香醇焦脆。雖然只有韭黃豬肉的單一口味，但內餡調味到位，湯汁豐盈滿是韭黃香，味道鮮甜滿新。老饕的吃法是用桌上的蒜頭混合醋和醬油蘸著吃，港仔則覺得不用額外調味已然好吃。

既然指導別人吃好的，當然要來個一套，酸辣湯少不了。

這裡的酸辣湯的記憶點在於材料豐盛，蛋花、筍絲、豆腐、木耳、紅蘿蔔和蔥花一樣不少。味道走中庸之道，要酸要辣可以自己動手調味。這樣一碗不用30元，仍是很值得。

「台灣開封的鍋貼很有趣。」朋友曰。

明顯把鍋貼和煎餃兩者搞混了，是一般香港人的錯誤認知，港仔不例外。

「怎會長這樣？」當年心中驚呼在台首吃鍋貼時，因為外型有違一直對鍋貼密封的形象。

是台港兩地吃的文化不一，才會出現這樣的大不同嗎？

為了求真，努力找尋答案。

不少資料顯示鍋貼來自中國北方，亦有說起源在蒙古或河南開封，通過圖片認證，三地的鍋貼外型和台灣的無異，答案呼之欲出。

從前香港吃鍋貼要到上海館子，所以一直認為是滬上的特色點心。

不憤被騙多年，順便翻查上海鍋貼的身世。眾說不一，但比較可信是在上世紀二、三十年代從北方傳入後演變成類餃子的鍋貼外表，這樣的鍋貼，不能說是假貨，對上海人是獨一無二的存在。

當時為搞清楚弄明白，雖然已有電腦和網路的協助，但是網速和資料始終不如現今，為此著實忙了好一陣子，但找到正確答案，總比一直錯下去強。

從生活中尋求知識已成習慣，來台20年，依然每天學習。

先從語言開始。

首遊台灣在多年前，李宗盛、陳淑樺的歌聽多了，以為會唱等於能講，最後竟然落得要用紙筆溝通，出糗當場。

回港後，找來老師學習說中文，再經過多年在台的日常練習，已能純熟運用「喔」、「啊」、「啦」、「嘛」、「唄」、「耶」，也很會說「不好意思」、「真的假的」、「幹嘛醬」，但是中文依然沒有說得很標準，港味仍然濃。特別在太累時，粵語思考模式會自動開啟，說出來的中文變得更香港。從前朋友同僚還會取笑糾正，現在已完全無感直接無視，幸好一般台灣民眾覺得帶港腔的中文可愛好玩，令港仔可以橫行台灣無困憂。

不斷學習令自己進步，但在前進的同時又努力練習學放慢。

香港的生活節奏出名快，加上在娛樂圈工作更見急速，令港仔說話反應行動比快更加快。來台後為配合社會節奏開始減速。慢下來才發現，多了空間作思考，減少出錯機會，更能享受過程的樂趣，工作或事情只要在限時中完成，慢，沒有不好。

「台灣就是太慢，才失去競爭力。」認識的某台灣人說，覺得追求慢生活有點不設實際有點傻。

要說競爭不一定在於快或慢，實力才是關鍵，如講求速度的賽跑游泳，沒有實力，如何快？只有慢。台灣也是在此定理下被世界看見的，不是嗎？

通過這樣的生活學習，同時堅定了一些想法和原則，讓港仔增了知識也長了智慧。

難怪說活到老學到老。贊成。

地址／新北市汐止區中興路142號
電話／02-86932141
時間／Wed-Mon 11:00~21:30（週二公休）

各有立場下的消費模式

老麵店

台北市／大同區

相對於米飯，更愛吃麵食。

飯，並非不愛，只是可吃可不吃，抱著「有天總會吃到」的態度，是香港人說的「沒飯癮」，不如韓國人，一天沒飯下肚便要生要死。一碗出色的好飯，還是會吃得很過癮，但是多吃幾口會無聊，要搭配菜肉魚才能繼續吃下去。

不如麵。

麵，從來不孤單，沒有配菜，也有調味，簡單豬油醬油拌一下，下把蔥，已然好吃好味。

所以飯和麵，毫無懸念選擇後者。

這樣的二選一很容易，但是選項再多一點，港仔選擇困難症會發作。

台灣的麵店小攤有很多，有水準的也不少，有時這也想吃，那也不錯，難

以選擇時，港仔會放棄眼前ＡＢＣ，直接跑去老麵店，盡管有點遠，只要仍沒休息打烊，總能滿足吃的慾望。

開店80年，已經交由第二代接手，第三代亦開始幫忙。傳承不僅在生意上，還包含了口味。一碗乾麵，據說至今仍然採用元祖老闆的食譜，以麻醬、炸醬、蔥油和店家特調的鹽水作拌汁，一經攪拌，麻香誘惑，醬汁巴在麵條上，平衡的味道，如精緻版的維力炸醬麵，令人停不下來一口接一口。

店家的滷味同樣滷得入味有分量，愛吃腿庫肉，如果有豬尾巴，也會來一份。有時太晚到訪，小菜售罄，來碗餛飩湯也是好。

香港同樣有一家老字號麵店，港仔從前很愛。

他們由麵攤開始，後來進駐店面經營，憑藉老闆手打魚蛋成名，後來炸魚片的香酥味鮮也很受追捧。港仔特別鍾情他們的魚皮餃，難得吃到魚肉鮮香，是每次的必吃。

吃多了，常上門，和老闆夫妻由打招呼到偶有閒談聊天，在味道外加上人情味，成了愛店之一。

所以對老闆急流勇退的決定尤為難捨。

當時他對媒體表示香港魚獲問題影響魚蛋水準，而且年事高，魚蛋製作辛苦，不欲兒子接手，希望他們開展自己的人生，所以下了這決定。

後來收到消息他們要再戰江湖於數年後，自然大喜，趕在開業首週前去

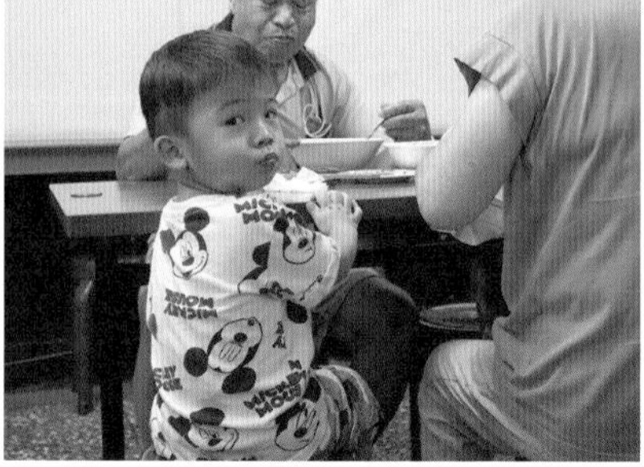

吃。

不僅魚皮餃和魚蛋水準依舊味道保持，老闆夫婦同樣別來無恙，忙裡忙外的依然笑咪咪。更難得兩位公子現身店中，以為是重新開幕來幫忙。老闆說：「現在是他們打理經營，我專心做魚蛋。」

傳承有望，值得恭喜。

記得當時還特別發文在台灣專欄，把好消息傳播，通知所有店家老客人老朋友歸隊來重拾舊情、重享舊味。

老闆兒子閱文後還為此感激說謝謝。此後港仔每次回港去吃時，他都會熱情以一句「回來囉」作招呼歡迎。

能吃到敢情是好，但是二〇一九年後港仔沒有再踏足。

不是味道變了質，只是一場民眾運動改變了香港人的生活和消費模式。

民主社會下的各有立場沒有不對，正如大家都有消費選擇權，寧願花錢支持理念相近的食店或商家，所以有些曾經常去常吃的餐廳小店，從此成了拒絕往來戶。

不僅港仔如是，見解不同的另一邊何嘗不是如此。

或會覺得這種「消費逆權」太無聊，為此終止友情和關係更見可惜，要追責應該是向做成分裂的源頭。

港仔贊成，但依然以「光顧自己人」為消費模式，因為有些傷痛不是看不見便是痊癒了。

真心祝願台灣不要經歷香港曾經經歷的，讓民眾每天可享安樂茶飯，不要弄得喜歡的麵館上不了，吃飯也不成。

地址／台北市大同區迪化街二段 215-8號
電話／02-25981388
時間／09:00~19:30（週日公休）

潮州包子
地址／台北市大安區忠孝東路四段216巷52號
電話／02-27738371
時間／07:00~17:00（週日公休）
網站／https://chaozhou-baozi.com/

COLUMN 3 —

不想改、不能改、不會改

古人說：「三歲定八十」，又有「七歲定終身」。

從前民風簡樸，社會變化不大，人的性格自小定型。沒有不對，但放諸二十一世紀的當下世界有點說不通。

如港仔，典型牧羊男的脾氣暴躁火爆，但是被台灣人的溫文個性同化於來台後，每每脾氣發作前會三思，一經思考，火氣上不來，反而下去了，少了脾氣，沒了戾氣，人變得祥和溫順，都要當和尚了。

台灣對港仔的影響豈是只在性格上，口味亦同時提升進步改變中。

自小在港不愛吃中式包類點心，總覺得包子被口水滋潤黏在上顎牙縫間很噁心，縱然擁護者眾的叉燒包和蓮蓉包，港仔統統說不No No No。所以當初看到包子專門店頻繁出現在台灣路上，是國民小吃，頓感困惑不解。

「麵團巴在口腔都可以有市場？」不禁問。要解謎，唯一方法是來吃來當找答案。

一吃，不得了。包子外皮微帶韌性下，稍加咀嚼，麵粉香慢慢透出，完全跳脫出從前的不良印象。

後來翻查食譜才發現，港台包子口感落差源自麵粉的使用大不同。港方多以低筋麵粉製作麵團，台灣則採中筋，就是這個中低之分，令中華包子在兩地有不一樣的口感呈現。

既然好吃，便要多吃。

從前住在東區二一六巷時，常會去光顧隔壁的

包仔的店

地址／台北市大安路一段223號　電話／02-27045396

時間／Mon-Fri 06:30~21:30，Sat 06:30~20:00，Sun 06:30~12:00

傳說水煎包

地址／台北市南港區南港路一段137巷5弄1號　電話／02-27887039

時間／Mon-Fri 06:00~17:00，Sat 06:00~10:00（週日公休）

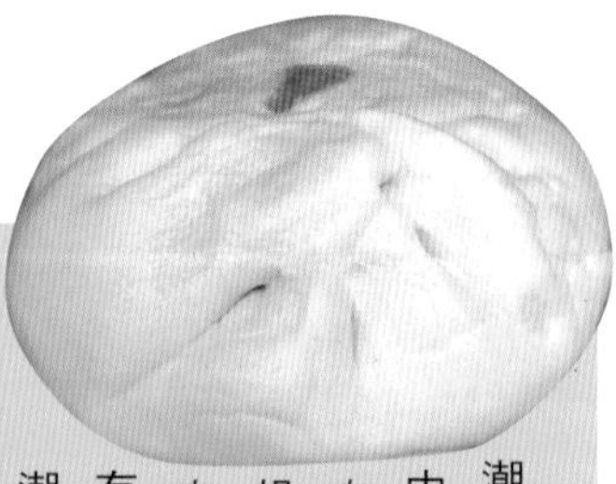

潮州包子。在接近二十款的口味選擇中，偏愛竹筍肉包、辣味肉包和雪裡紅肉包。每次買回十個八個冷凍冰箱中，想吃時，燒鍋滾水蒸個十數分鐘，看著肉包在鍋中慢慢退冰膨脹，蒸氣裊裊，有種在電影中才會出現的美食浪漫。

潮州包子外，在大安路那頭的包仔的店每回經過都要入手她家的蛋黃上肉包，雖然不是獨家款式，但也非每家店都能吃到，即便有賣，也不如她家的好吃。不騙你。

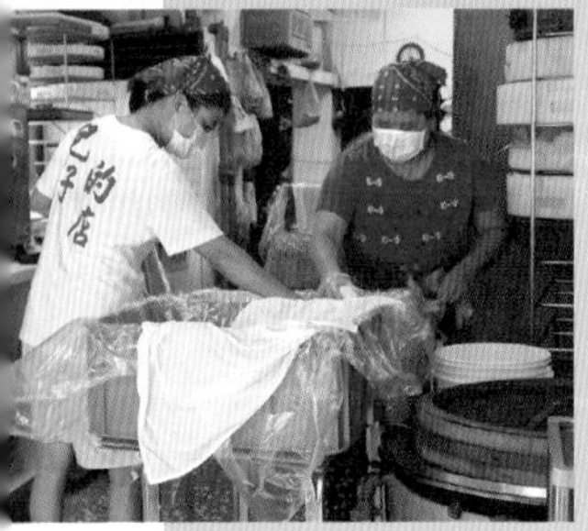

從東區搬到南港後，一直為找不到合意的蒸包而苦惱，卻在傳說水煎包中發現有兼賣包子。口味選擇不多共三款，但不管是梅干肉包、塔香雞包或紅燒肉包在味道香氣互相襯托平衡下，搭配老麵團製造出略帶韌性的包子外皮，好吃不輸店方賴以成名的水煎包，受歡迎程度卻出現高低懸殊，可惜了三款好肉包。

有次和老闆聊起，原來開店初期先賣包子，後來才加入水煎包。

問他：「哪裡學的做包技術？」

「家傳的，自小便會做。」他答。

誰想到八卦一問下掘出個家傳寶，更要加大力度來買來吃來推薦。

或嫌港仔如此三八個性招人厭，但以之行走江湖半世紀，發生不少有趣的人生小故事，撈獲很多真友情。即便時間轉移，世態幻變，個性上的這個特點改不了。

如果這就是三歲定八十，港仔認了。

居旅
在台港人的年輪印記

『來自香港的老闆和員工都是年青一代。他們在沒有背景人脈下默默開始販賣家鄉小吃，沒有期望爆紅，只想賺取養活自己的生活費，可以繼續走下去。不管是牛雜、腸粉、燒賣或是咖哩魚蛋都成為我們想家的憑藉。』

摩羯男咖啡修煉路途二三事

88Coffee&Tattoos

台北市／中山區

別人說港仔身兼多職很厲害，其實都是同一圈子的不同崗位而已，沒有什麼大不了。

那像Mike，既是咖啡師，也是刺青師傅，同時身兼皮具匠人。三項不同範疇的手藝，竟然能同時集於他一身，而且不是略懂皮毛，每項都顯見風範，不然怎能開店88Coffee&Tattoo？或許名氣非大師級，但此子肯定非池中。

港仔和Mike相交緣於咖啡。

咖啡這個飲品很個人，口味認定後難改變。有些人喜果味重，港仔則愛堅果味香濃。有時喝到不對味的，味道殘留口腔中，縱然已多喝水，卻總有沖不掉的咖啡奇怪味，感覺難受不舒服。

但Mike的咖啡卻能讓港仔願意放心讓他作推薦。

他的手沖很厲害，介紹也詳細。從咖啡的香氣開始，首喝的口感風味，中

段的變化，到最後After Taste的呈現，讓人跟著他形容下的咖啡感覺走，是一個有趣好玩小旅程。

他挑的咖啡豆子也有特色。有一款從初嘗的果味明顯，到滑進喉頭那零點幾秒中轉化成茶味，如幻術，很神奇；另一款豆子水果味一樣濃，會因溫度下降呈現不同風貌，從水蜜桃、荔枝，再變成柚子，味道帶酸，卻不會酸得令人討厭，連港仔喝後都說好。

這樣的沖製成績，除了是技術鍛鍊外，味蕾的修行不可少。Mike確實是下了一番苦功。

話說當年他無意間在咖啡店中喝了一杯，被其口味和香氣迷倒，於是以免費打工交換老闆收他為徒。每天不斷沖泡訓練於數月中，從學習、試驗、失敗的循環摸索下，終於被允許上場為客人沖製咖啡。

上場只是開始，後來怎樣精進沖泡技藝，如何從多喝中找出水量、溫度和咖啡豆在不同搭配中產生的微妙變化，都是個人的苦修。因為要從不斷喝來找到當中的奧妙改變，Mike自言曾有多次吸收太多咖啡因而徹夜難眠的經驗。

難怪他表示：「要喝美式，不用來找我。」

又說：「不愛客人點拿鐵。」

並言：「不會為他們拉花。」

三句既罷，他先笑。明顯鬧著玩，不然Menu中怎會有拿鐵和美式的選項。

港仔亦曾喝過他的奶類咖啡而印象深刻，因為味如泰式奶茶，而且加入的非比尋常，是令人意料之外的木瓜牛奶。

會有這樣的組合，源自Mike某天用逗客人兒子剩下的半盒木瓜牛奶混合咖啡，竟然混出一個泰國奶茶風味來，但兩種飲料比例拿捏必須準確，多一點

或少一點都會被各自風味蓋過，所以至今沒有出現餐牌中。

Mike的冒險精神同時展現在咖啡豆烘焙上，有時會在固定時間中多烘個二十秒或半分鐘來測試豆子的風味變化，甚至發展到現場現點現烘的咖啡服務。

「新鮮炒烘的咖啡香氣迫人，但手很累啊。」他說。

看似好玩，其實是他在咖啡路途上的繼續修煉，多年來的持之以恒，何嘗不是他對咖啡的愛的流露？

難怪有說摩羯男對熱衷的事情很專注，會投入巨量時間精力，甚至用生命去經營。

Mike是實例。不僅在咖啡，刺青和皮革用品製作上，都有故事，而且有趣。

這次先記下他的咖啡二三事，以後有機會撰寫《在台港店》時再分享他的其他逸事。

在台港店？

忘了說，Mike也是港仔一枚。

難怪投緣。

地址／台北市中山區松江路170巷9之5號
現電話／0988-014344
時間／Mon-Sun 12:00~18:00
（營業時間以IG公佈為準）
IG／88coffeetattoo

香港人的味道 潮州人的率直

大膽牛腩麵

台北市／中山區

從前剛認識的台灣朋友總要求港仔推薦在台好吃的香港餐廳，本來熱絡的氣氛瞬間陷入一片尷尬的沈默，因為台灣的香港餐廳味道都很台灣，因為避免失望後來在台極少吃港式食物，因為如此這般就是介紹不來。

明明是簡單提問，最後以無言結束。

幸虧這樣的冷場，在這兩年大批港人來台定居後，把真正的香港味帶到寶島來。開始敢去嘗試放膽吃，還吃出一份在台港吃名單來，令港仔不再被問得啞口無言，出糗當場。

大膽牛腩麵是在名單上最先寫下的店家之一，由細記港式麵包店的細哥推薦，說是在台多年港人開設的牛腩麵店，味道肯定不會被打槍。

在台吃了不少假港菜後始終有一朝被蛇咬的陰影，將信將疑下在網上找資料看評論，有一條說：「味道清淡，和香港吃到的有落差。」看圖後恍然，明

明就是清湯牛腩，怎可能要求口味如杜侯牛腩的厚重，情況一如紅燒牛肉麵和清湯牛肉麵的分野。

總有不懂的人愛裝懂來亂說一通，影響其他不懂的奉為金科玉律信以為真。這樣的人很討厭，扭曲事實，轉播錯誤，港仔在讀文看圖後心裡有氣，肖狗人的正義感油然生，二話不說決定要去「大膽」吃。

這樣一吃不得了，因為大膽有數款食物深得港仔心，每次去吃都要掙扎於選項ABCD，常常選擇困難症發作，最好統統來一客。

先說清湯腩，一鍋以牛骨燉煮多時清澈味濃又香的好湯頭，配上好牛肉，雖然不如香港的牛腩麵館可以選擇部位，但是大膽的牛腩帶筋膜，為軟綿的牛肉增加了彈脆口感，配合台灣少吃到的生麵，於是一匙湯，一塊肉，一口麵，這樣吃著吃著吃出癮來。

也愛他們的餛飩，雖然不算香港味，因為老闆是來自潮州的香港人，把家鄉以牛骨湯配餛飩的吃法帶到寶島來，所以不要說沒有用大地魚熬湯，欠韭黃用蔥花，是荒腔走板不香港。實情是餛飩的內容有蝦有肉的傳統正宗，和傳統港式的如出一轍，即便湯頭有別，以潮式食品視之，仍然吸引。

還有咖哩牛腩飯，是道地港式咖哩。她不如印度的香料多，但味香濃，也不像日本的不辣帶甜，反而辣得開胃。最難得沒有刻意取悅台灣市場使用港人最愛的優質泰國香米，外型偏長，口感微硬，吃進嘴巴口腔中，是活靈活現的香港味。

明明是麵店，又破格把豉汁排骨蒸飯放在菜單中。排骨以茶樓點心式口味呈現，只要是香港人都熟悉都吃過，是港仔在港式點心中的第二最愛，亦是每次光臨大膽令人躊躇想要選擇的好吃之一。

為了把想吃的都吃遍，只能多去才能多吃，在多去多吃後開始和老闆夫婦哈啦聊天。

「怎會取名大膽？」問曰。

回道：「我的名字啊！」

本以為店名是取其氣場強大有氣勢，誰想到是老闆的本名，失敬了。

大膽哥來台三十多年，本從事珠寶行業，後來改變跑道轉行來賣麵。他為人熱心，有種潮州人的直率。因為我們在某些事情上意見不一，他會笑稱港仔為「你們那些人」。

有一次他的在台港友需要幫忙，他拜托港仔伸出援手，為怕被拒先旨聲明：「他也是你們那些人。」

不禁失笑，舉手之勞，都是港人，焉有不幫之理。

從此可見大膽哥膽子可能大，但胸無城府，交友求好人，雖然非我族類，卻不以個別事件作取捨，同時展現港人在海外的團結。

大膽嫂二十多年前因工作認識丈夫。曾旅遊台灣於婚前，覺得好玩很喜歡，婚後嫁雞隨雞來台定居仍然覺得有趣。

「那時喝酒、跳舞，每天找樂子。」說話穩重的她原來亦有年少輕狂時。嫂子後來跟隨大膽哥轉營餐廳，內外場兼顧，辛苦，但無怨言。如果有賢內助比賽，冠軍港仔肯定頒贈與她。

知道丈夫代友求幫忙，大膽嫂怕港仔在為難下答應，私下告之：「是同路人，要幫忙。」

大膽嫂何嘗不是我們這一掛？都是自己人。

這樣一幫，助了別人，同時從另一港人介紹下多認識了一間在台港店——大眾伙食，豐富了名單，說不定下回可以寫一本《台北香港好餐廳》。

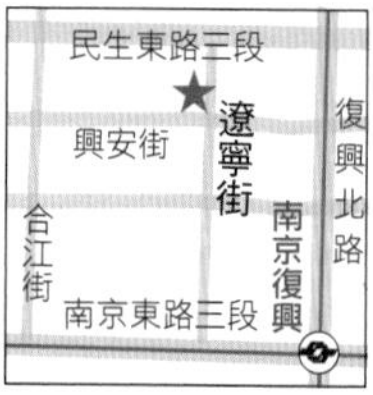

地址／台北市中山區遼寧街222號
電話／02-25182699
時間／Mon-Sat 11:30~21:00（週日公休）

香港麵包匠人小故事

細記港式麵包店

台北市／松山區

在疫情爆發留台未能回港這兩、三年間，朋友知道港仔想念港式麵包，好心買來菠蘿包作安慰。台式的。沒有不好吃，就是缺少了情感背景，也不像港版使用豬油製作頂層脆皮，香酥口味有落差。在熱情好意不容婉拒下，只能一口一惆悵的往肚裡吞。

關於港式麵包，資深麵包師傅邱勇靈先生在著作《港麵包．港味道》中翻舊帳，記下這一筆：

麵包正式登陸香港在二次世界大戰後的一九五〇年代，英殖時期定然受英倫影響，又因不少來自中國各地的麵包師傅逃避內戰到港來，形成不同流

派。最後留下廣東派和山東派經市場淘汰後，前者揉合了廣東點心特色，引入了包餡概念，成品甜度偏高，經典款式包括菠蘿包、雞尾包、墨西哥包和焗烤叉燒包；後者則因為山東青島曾被德國佔領，所以麵包帶濃厚德國風味，少糖，味道偏清淡，豬仔包和葡萄包是這個派別最受歡迎的品項。

這些經典麵包都各有故事。

首先要為雞尾包申冤，以為包中藏雞尾，其實並沒有。當年人節檢，烘焙師傅把賣不掉的麵包加入砂糖搓碎變成內餡，重新製成麵包出售，因為如雞尾酒（Cocktail）般混合了不少食材，所以稱之為雞尾包，在港知名度不輸菠蘿包，是港仔的最愛。

墨西哥麵包亦非真正來自墨西哥。據說曾居當地一港人，開設冰室在回流後。憑記憶把在墨國很受歡迎的Concha麵包，揉合菠蘿包的外形元素，以卡士達作餡，製作成包於店中販售，命名墨西哥，受歡迎程度橫跨數十年。

當然不能少了菠蘿包，起源有二。一說從前人不滿意麵包味道太清淡，於是加入以砂糖、雞蛋、麵粉與豬油製作頂層酥皮，成就了一代港式麵包經典。又有說頂層酥皮靈感來自合桃酥，明顯的廣東派麵包手法，中西合璧得很香港。這些麵包沒有必吃不可的大美味，卻是香港人的常吃，是早餐的方便選擇，亦是午後、飯前或是深宵充肌的小點心，更曾是港仔家人一日三餐的口糧替代物於那貧窮的年代⋯

細記

有著這樣的歷史、故事和情感，一口港式麵包，不僅是口味享受，吃著，還能喚起心中的懷念情素，有別於全球超過五千多款麵包存活於港人之中。

所以當細記港式麵包店開幕於南京三民捷運站後街於街於二〇二一年的8月嚴夏，根本是拯救一眾在台港人的救苦救難觀世音。

她麵包呈現出鹹甜鬆軟的港味騙不了人，無論是前面提到的菠蘿雞尾墨西哥，或是沙嗲牛肉包、叉燒包、提子包（黑糖葡萄乾包），巧用豬油的傳統技法，創造風味，增強麵包體的軟綿度，達致久放不硬的效果，是港包的特色。又有蛋塔、椰塔、雞腿派，都是港人的常吃。

親手揉製出這些真港味的細哥，是店東，是麵包師傅，也是跨越香港麵包界23年的老行尊，曾效力所有大型麵包連鎖店如翠華如聖安娜，早已練就出一份職人架勢。為麵包，管你是老闆，不對的都會頂回去。即便在台開店，脾性依舊，矢言不為市場改變口味。

「喜歡台式、日式和歐式麵包可以去別家，台灣有很多選擇。」他曰。

口味上是動不得的死硬派，但不代表細哥是故步自封老屁股一名，在食材使用上的接受能力極高，即便很想把從前香港使用的原材料帶來台灣，苦於運費不菲，變成當今九成的食材採用台灣出品M.I.T.。

細哥說：「找到對的材料，就能做出正宗港包的味道。」

他的自信來自香港麵包師的訓練有素，同時展現了港人隨機應變和適應能力強的特性。而且能結合兩地烘焙文化，把香港麵包獨特的風味傳承海外，何嘗不是細哥在業界多年的貢獻？

談麵包，正經八八，配合細哥不怒自威的外型，那股氣勢就是強，令平時說話隨心所欲的港仔為免被揍被修理，在初認識時也要收斂。

後來發現，原來一切外在形象都是假像，基本上細哥和港仔一樣是「口水佬」一名，台稱「吹水怪」。這位雄赳赳大男人原來隱藏了一個交友魂。

曾目睹細哥拉新朋友的功力，明明只是購買麵包，聽到對方說粵語或是帶有港音的中文，他都會熱情邀請進店聊天。

「來來來，進來聊幾句吧。」

如此這般的聊下來，讓細哥聊出一個朋友圈。

不是說笑，後來到訪的一眾在台港店和老闆們聊起，驚覺原來都認識細哥都是朋友。

細哥交友又不設下限，有退休夫妻專業中產家庭主婦。原來留學港生亦也不少，面對這班年青人，他會化身老大哥善誘啟發，也有直擊面斥。

港仔曾受教。

當時細哥知道港仔執著台灣港式餐廳的口味正宗與道地，語重心長勸曰：

「人在外地，味道有八成相似已是十足港味了。」

這樣的三言兩語，不是什麼驚天大道理，卻盡顯他看事通透情商高。

以上這些反差萌，還少了細心這一項。

有一次在細記中為在台吃不到炸兩而感嘆。幾天後收到細哥傳來晚餐圖，竟然是炸兩照！除了餐廳資料外，他只簡單寫下兩字：「好吃」。

另一次，很想吃椰檳，是另一古早港式麵包。問細哥會不會加入生產線？

「不了。」他回，原因是市場、成本、售價難平衡。

又再收到細哥的訊息於數週後，依舊是照片打頭陣，這次出現的是椰檳，原來是他為一個案子準備的包點，刻意多做幾個放於店中販售，並以圖通知，讓港仔能在台再次嚐到心頭愛。

這樣一家港人港店，一直不被看好於開店之初，甚至有「港式麵包如果有市場，早就走紅」之類的潑冷水式說話。現實是細記的客人八、九成是台灣人，更得到不少媒體採訪推廣，讓一眾好事之徒的眼鏡跌一地。

港仔不禁為細記被肯定、港式麵包被受落而欣喜，更感開心是台灣朋友品嚐過後也說好。

「以後懂得去那裡買來道地港味來逗你開心了。」朋友吃著雞尾包說曰。

港仔聞言，面不紅耳不熱，大笑大樂。

地址／台北市松山區南京東路5段291巷6弄2號
電話／0900-142828
時間／Mon-Sat 07:30~20:30，Sun 09:00~16:00

廢青加油

港記小食店

台北市／萬華區

「廢青」一詞出現在這十年香港社會中。是廢物青年或廢柴青年的簡寫。

顧名思義，就是「頹廢、不務正業、一事無成的年青人」。（摘自香港網絡大典）

維基詞典的解釋更直接：「無理想，不奮鬥，不努力的青年人」。

不管前者或後者，一字以蔽之，就是「廢」。有多廢？

根據香港網絡插畫家LLH一幅「床上廢青圖」，例出了他們的十大特質。

・窮

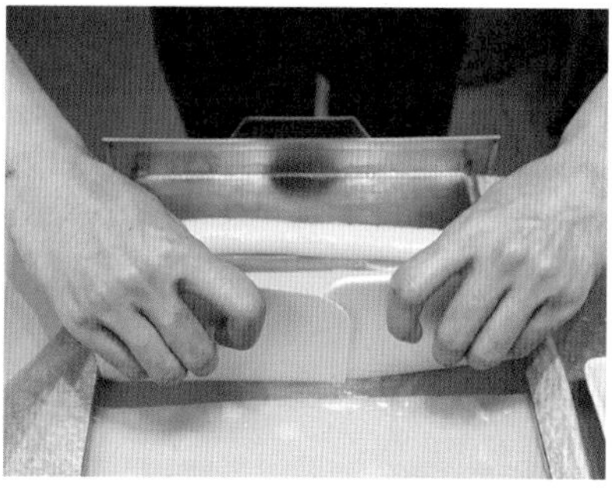

・想到明天要上班上學想死
・只想去旅行（80%想去泡菜國）
・手機不離手，通訊軟件訊息秒回
・經常敷衍父母：是了是了／知道了知道了
・買淘寶比逛街多
・追劇（TVB爛劇都說好看）
・常說瞓
・房間亂七八糟（躺在衣服上睡）
・放假沒事幹，都要弄到凌晨兩三點才睡

不會突然而生，廢青是怎樣煉成的？

香港01如是說：

如今青年人有志難伸，或者遊戲規則已被界定至他們必輸無疑，他們保護自己的最佳方法當然是「裝廢」。

又言：「雖然考試大體公平，然而富人的兒女可循更多不同途徑入讀優良的學府。在工作上，社會更有一種「識人好過識字」的廣泛共識。

還認為：

有些人責備買不起樓的青少年經常旅行，不懂致富之道。的確，台灣、日本已成了部分港人逃逸的地方。但我們也要找出青年人（還包括中年人和老年人呢！）要經常出走，甚至說那些地方是他們家鄉的原因。或許是由於那些地方有香港逐漸消逝的生活精緻感和被尊重感。」

難怪有人認為是社會廢，年輕人才會跟著廢。

對此港仔不予評論。

但反對廢青＝垃圾。特別不恥某上市集團太子女「放棄香港年青人」之論說。

廢而不棄懂不懂？難怪社會上有廢青，亦存在廢老。

幸好有多少聲音評擊這班年青人，便有更多聲音支持著他們。是他們的勇氣令一眾陌生路人牽手在獅子山上高唱《獅子山下》，產生了比家人更親近的情感，讓我們相信未來仍然擁有可能性。

同學未必認同，正如港仔在台曾遇不少人對香港青年抱質疑態度。

可能是新聞中看到的很片面，可能知道的不是事實的全部。

不用相信港仔，來親自一看究竟，就在港記小食店，台北西門町紅樓旁。

來自香港的老闆和員工都是年青一代。他們不如某些在台港店有組織在幕後支持，在沒有背景人脈下默默開始販賣家鄉小吃，沒有期望爆紅，只想賺取

港記茶座

養活自己的生活費，可以繼續走下去。

從開業初期已關注港記的粉絲頁，看著他們在網上尋找食譜學習製作，推出後被評為不香港，走到今天終於得到不少在台港人認可，不管是牛雜、腸粉、燒賣或是咖哩魚蛋都成為我們想家的憑藉。

港記憑著打不死的精神，失敗了，改良，再失敗，再改良，相信自己一定可以，終於做出成績。

有時去吃，看到休息中的店員靠牆滑坐椅子地上，死皮賴臉的模樣，活脫就是廢青再現台北街頭上，但到招呼客人時從容熱誠中展現出卻是一種不合符年齡的世故。

想起在另一港人開設的茶餐廳中，聽到小朋友店員對中元節拜拜一事徵求其他同事意見，用略帶童稚的聲音說：「有拜有保佑，希望大家沒病沒痛。」

回不了家，同事就是家人，是被迫的早熟，是無奈，但起碼人還在，很多早已悄然消逝春風秋雨中……

這幾年的經歷都說不應由他們這個年紀去承擔，但是他們扛下來了，所以不介意他們再度回歸沈默。

希望他們現在能好好休息，為自己的人生努力，繼續相信你相信的。

廢青加油。

香港見。

地址／台北市萬華區內江街25號
時間／Mon-Thur 12:30-21:00，
Fri-Sun 12:00-21:00

胖妞妞粉ㄉ×ㄎ蛋餅
地址／台北市萬華區貴陽街二段115-18號
電話／0981-623887
時間／Mon-Fri 07:30~13:30，
Sat-Sun 07:30~13:00

COLUMN 4

脆皮派、粉漿派、炸蛋、爆漿

對於蛋餅，台灣朋友們很愛問港仔投身哪一派門下？脆皮派還是粉漿派？

港仔當時和蛋餅不熟，因香港沒有這東東。個人偏好燒餅夾蛋或鹹豆漿在上豆漿店時。蛋餅，只有別人點來時吃一口，沒有產生感情特別鍾愛。

而且什麼脆皮派？吃的都是沒有生機軟趴口感。脆在哪？

後來搞清楚，原來吃到的是一般早餐店出品，自然口味一般沒驚喜，加上店家快速出餐，簡單一煎，只熱不脆，自然口感有差。

既然誤會了，自然要弄懂。先從脆皮入手。

看似簡單，基本上很難。要有脆皮，同時兼顧內軟，火候控制要得宜。技巧很重要，餅皮製作也不能隨便馬虎。一般批發回來的不若店方自製手工餅皮帶彈性又有麵粉香的百般好。

台北好吃的脆皮蛋餅店很多，港仔近年戀上卵食力。不為她就在居家附近，在於他們把蛋餅的酥脆煎出新高度。特別是高麗菜系列，餅皮混合蔬菜，兩種不同口感的脆度交替出現口腔中，配

卵食力
地址／台北市南港區南港路一段158號
電話／02-27832755
時間／07:30~13:00（週日公休）

重慶豆漿炸蛋餅
地址／台北市大同區重慶北路三段335巷32號
電話／02-25851096
時間／Mon-Fri 05:30~11:30，Sat-Sun 05:30~13:00（週三公休）

爆漿蛋餅新莊思源店
地址／新北市新莊區思源路265號
電話／0930-741938
時間／06:30~12:00（週日公休）

合店方自製的小魚乾辣椒，脆辣得過癮。

脆皮蛋餅外，又有一種叫作炸蛋餅，重慶豆漿是翹楚，剛好在梅滿美食附近，可以一箭雙鵰吃兩味，龍顏大悅，焉能不去？

炸蛋餅上桌時東倒西歪，不如一般蛋餅整齊排列的呈現。口味單一只有一種選擇，把炸好的麵皮夾上雞蛋和菜脯，撒上椒鹽和胡椒粉於上桌前。口感上亦很不一樣，表面明顯炸得酥脆，和脆皮蛋餅有著不同層次，卻能同時吃到餅皮的彈性。有人說鹹香如蔥油餅，港仔覺得和鹽酥雞同科，是一次有趣的蛋餅經驗，但是油炸食物熱量高，只能偶爾為之。

吃以外，不能錯過老闆製餅的嫻熟技巧，特別是打入雞蛋在熱油中作炸蛋的神乎奇技，炸出脆度時又要保有蛋液在其中，最後加上菜脯，結合餅皮，出爐瀝油，全程公開。比電視的烹飪節目更具觀賞和參考價值。

同事知道港仔努力學習蛋餅中，推薦爆漿蛋餅，在她家那頭不遠處，新莊是也！營業時間早上六點半至十一點！為吃學習，毫無怨言，一早出發。

爆漿所指，是包裹在餅皮下的半熟荷包蛋會在口中噴發，蛋液混合九層塔和其他配料，加上軟Q的手工餅皮，真的是TMD又香又好吃，不枉早起到新莊。

說到軟綿的蛋餅，怎能少了粉漿蛋餅？

據說台北以外的縣市有不少販賣的店攤，台北難找，但不代表沒有。想吃？請到萬華的胖妞妞來。

港仔首吃，雖非誇張得要用驚為天人來形容，但軟中帶韌性的口感充滿活力，非機器製做暮氣沈沈的餅皮可比。口味選擇上港仔喜歡老闆娘自製的鹹豬肉，餡料中已包含蔥和洋蔥，再加一份高麗菜，讓香軟的餅皮和蔬菜的清脆在口腔中形成對比，是會令人吃上癮的。

多吃之後，吃出心得，但是仍難回答拜倒那門下，或者屬於騎牆派。

並非滑頭。因為脆皮好吃，粉漿誘人，難以選擇，又沒有硬性規定只能二選一，騎牆一下兩者兼得為何不？

台北小吃。港式情書

尋訪台北38+巷弄美食，重溫香港舊日人情味

作者 吳家輝
責任編輯 呂宛霖
封面設計・內頁美術設計 周慧文

執行長 何飛鵬
PCH 集團生活旅遊事業總經理暨社長 李淑霞
總編輯 汪雨菁
行銷企畫經理 呂妙君
行銷企劃專員 許立心

出版公司 墨刻出版股份有限公司
地址 台北市 104 民生東路二段 141 號 9 樓
電話 886-2-2500-7008
傳真 886-2-2500-7796
E-mail mook_service@hmg.com.tw

發行公司 英屬蓋曼群島商家庭傳媒
股份有限公司城邦分公司
城邦讀書花園：www.cite.com.tw
劃撥 19863813
戶名 書虫股份有限公司

香港發行 城邦（香港）出版集團有限公司
地址 香港灣仔駱克道 193 號東超商業中心 1 樓
電話 852-2508-6231 ／**傳真** 852-2578-9337

製版 藝樺彩色製版股份有限公司
印刷 科樂印刷事業股份有限公司
ISBN 978-986-289-863-5
978-986-289-864-2（EPUB）
城邦書號 KX0047
初版 2023 年 5 月 三刷 2023 年 6 月
定價 420 元・HK$140

MOOK 官網 www.mook.com.tw
Facebook 粉絲團 MOOK 墨刻出版
www.facebook.com/travelmook

國家圖書館出版品預行編目資料

台北小吃。港式情書:尋訪台北38+巷弄美食，重溫香港舊日人情味 / 吳家輝作. -- 初版. -- 臺北市：墨刻出版股份有限公司出版：英屬蓋曼群島商家庭傳媒股份有限公司城邦分公司發行, 2023.5
200 面；14.8×21 公分. -- (Theme；47)
ISBN 978-986-289-863-5（平裝）
1. 小吃 2. 餐飲業 3. 台灣
483.8 112005416